（明）宋应星◎著　孔庆东◎主编

吉林出版集团股份有限公司

图书在版编目（CIP）数据

天工开物 /（明）宋应星著. — 长春：吉林出版集团股份有限公司, 2016.6
（品读经典 / 孔庆东主编）

ISBN 978-7-5581-1483-0

Ⅰ. ①天… Ⅱ. ①宋… Ⅲ. ①农业史－中国－古代②手工业史－中国－古代 Ⅳ. ①N092

中国版本图书馆CIP数据核字（2016）第122494号

天工开物

著　　　者	(明)宋应星
主　　　编	孔庆东
总 策 划	马泳水
责任编辑	齐琳　史俊南
装帧设计	中易汇海
开　　　本	880mm×1230mm　1/32
印　　　张	9.5
版　　　次	2018年9月第1版
印　　　次	2018年9月第1次印刷

出　　　版	吉林出版集团股份有限公司
电　　　话	（总编办）010-63109269
	（发行部）010-67482953
印　　　刷	北京欣睿虹彩印刷有限公司

ISBN 978-7-5581-1483-0　　　　　定　价：39.80元

序

古人说："刚日读经，柔日读史。"本来说的是什么时间读什么书，从侧面看来，我们的前辈多么勤奋，每日读书，并不留空闲。

在一个号召"全民阅读"的时代，如何阅读，阅读什么，成为新常态下的新课题。数千年来的文化传统和我们的祖先的经验告诉我们，那就是阅读经典图书。这套《品读经典》丛书，其旨趣、其志向，大概就是"打通"这样一个目标。

我也经常说，只有阅读经典著作，建立了平衡的知识结构，才能做到"风吹不昏，沙打不迷"。

一日不读书，心源如废井。

在我看来，读书应该是日常生活的组成部分，就像呼吸空气那样。

我在北大附属实验学校的一次报告会上曾经谈过，要读书，读好书，也只有那些有独创思想的著作才能称为"书"，才可能成为经典。

经典书，也就是我们常说的"真正的书"，它应具有独特性、原创性、思想性。独特性就是与众不同，是自己独立思考的东西；原创性就是"我手写我心"；思想性就是必须加入自己个体的思考。

另外，经典书均为文史哲范围，因为这些书属于上游书，其思想辐射至其他专业。今天我们有几百个专业，它们并不是在一个平面上展开的。

我们要每天读点儿书，滋润自己的心灵。读书不是立竿见影之事，不能立马改变生活，它是个慢功夫。几天不读好像没什么，其实你已经落后了，而当你水平提高了又不容易下去。

对于个人来讲，我们把学到的知识用到实践当中，用到一点就足够我们享用一辈子了。表里不一对于国家来说是毁国家前途，对于个人来说是毁自己前途。很多人总是发明新道理，但是我觉得旧道理够用。

知道了之后再实践了，这才是真正的读书人。

古人言："读万卷书，行万里路。"

"读万卷书"是前提，"行万里路"是实践，把知识实际地运用。孔子讲的"忠、恕、仁"这几个概念，你能把它实践好就很不错了，懂了这些道理你读书就很快乐。有了这种精神状态之后，你就会持一个乐观的心态。读书最后还是为了自己，使自己成为一个乐观快活的人，让自己活在这个世界上特别有劲。

我们既要"行万里路"，也要"读万卷书"，更要读好书，读经典书。

著名学者汤一介先生说，一本好的经典，"可以启迪人们的思考，同时也告诉我们应该重视经典"，面对先贤的智慧，面对我们两千余年来的诸子百家、"孔孟老庄"，"我们必须谦虚，向经典学习"，也许这就是"品读经典"丛书出版的意义。

前　言

　　《天工开物》是我国古代第一部关于农业和手工业的综合性著作，被誉为工艺百科全书，作者是明朝科学家宋应星。崇祯七年（1634），宋应星担任江西分宜县教谕。在此期间，他将长期积累的生产技术等方面的知识进行了总结整理，编著了《天工开物》。

　　《天工开物》记载了明朝中期之前我国的各项科学技术。全书详细记录了各种农作物和工业原料的种类、产地，描述了一百多项生产技术以及多种工具的使用方式，总结了许多生产经验，书中记录的多种生产技术对后世的科学研究起到了非常大的启迪作用，有些甚至一直被沿用至今。

　　为了让读者更好地了解我国古代这些巨大的科技成果，编者精心挑选了原著中的部分工艺技术，辑录成这本《天工开物》，相信读者一定能从中领略到我国古代工农业科学技术的辉煌成就。

——《品读经典》编委会

抽线琢钱图

目　录

品 读 经 典

乃粒

宋子曰：上古神农氏若存若亡，然味其濈号，两言至今存矣。生人不能久生，而五谷生之。五谷不能自生，而生人生之。

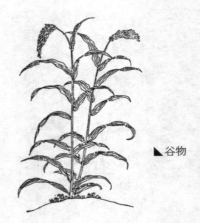

▶谷物

原文

宋子曰：上古神农氏若存若亡，然味其徽号，两言至今存矣。生人不能久生，而五谷生之。五谷不能自生，而生人生之。土脉历时代而异，种性随水土而分。不然，神农去陶唐粒食已千年矣，末耜之利，以教天下，岂有隐焉？而纷纷嘉种必待后稷详明，其故何也？

译文

宋子说：不知道上古时期是否真有上古神农氏一人，但我觉得"神农"这一美名至今仍有十分重要的意义。人仅仅依靠自身是不能长久活下去的，但是却能借助五谷活下去。五谷不能自行生长，但人却能种植五谷，让五谷生长。土地的性质随着时代的变迁而变化，五谷的种类和特性也因为水分和土壤的不同而有区别。要不是这个样子的话，从神农氏时期到唐尧时期，人们食用谷物都已经有千年的历史了；农耕技术也早已传遍天下、世人皆知，但培育出的很多良好稻种直到后稷时才得以记录并阐明，这又是什么原因呢？

纨袴之子以赭衣视笠蓑，经生之家以"农夫"为诟詈。晨炊晚饷，知其味而忘其源者众矣。夫先农而系之以神，岂人力之所为哉。

纨绔子弟视农民如罪人，儒生更是把"农夫"当成是骂人的话。整天都有东西吃的人，只知道体会食物的味道却忘了是谁种植了五谷，这样的人很多。因此把远古从事农业的人尊称为"神农"，是因为当时种植五谷又岂是普通人依靠人力就能实现的啊！

总名

凡谷无定名，百谷指成数言。五谷则麻、菽、麦、稷、黍，独遗稻者，以著书圣贤起自西北也。今天下育民人者，稻居十七，而来、牟、黍、稷居十三。麻、菽二者，功用已全，入蔬、饵、膏馔之中，而犹系之谷者，从其朔也。

　　谷并不是指某种特定的粮食，百谷是谷物的总称。五谷指麻、菽、麦、稷、黍，偏偏将稻漏掉了，这是因为那些记录五谷的圣贤都来自西北。当今百姓的口粮中，稻占了十分之七，小麦、大麦、黍和稷仅占十分之三。麻和豆的功用全部被归入菜蔬、糕点、油脂等食品中，将其仍归于五谷，只是沿用古代的说法。

稻

原文

　　凡稻种最多。不粘者禾曰秔，米曰粳。粘者禾曰稌，米曰糯（南方无粘黍，酒皆糯米所为）。质本粳而晚收带粘（俗名"婺源光"之类），不可为酒、只可为粥者，又一种性也。凡稻谷形有长芒、短芒（江南名长芒者曰浏阳早，短芒者曰吉安早）、长粒、尖粒、圆顶、扁面不一。其中米色有雪白、牙黄、大赤、半紫、杂黑不一。

译文

　　水稻品种最多。不黏的水稻叫做秔，不黏的米叫做粳米。黏的水稻叫做秫，黏的米叫做糯米（南方不出产黏的黄米，所以都是用糯米来酿酒）。有一类水稻（俗称"婺源光"）本属粳类，但因成熟时间较晚而略带黏性。这类稻不能酿酒，只能煮粥，这类水稻又是一个品种。从外形上看，稻谷分为长芒和短芒（江南一带称长芒稻为"浏阳早"，称短芒稻为"吉安早"）、长粒和尖粒、圆顶和扁面几种，其中稻米的颜色还有雪白、牙黄、大红、半紫和杂黑等的不同。

原文

　　湿种之期，最早者春分以前，名为社种（遇天寒有冻死不生者），最迟者后于清明。凡播种，先以稻、麦稿包浸数日。俟其生芽，撒于田中，生出寸许，其名曰秧。秧生三十日即拔起分栽。若田亩逢旱干、水溢，不可插秧。秧过期老而长节，即栽于亩中，生谷数粒结果而已。凡秧田一亩所生秧，供移栽二十五亩。

译文

　　浸种的最早时间是在春分前，俗称"社种"（此时若遇到天气严寒，部分稻种就会受冻而死不得生长），最晚的时间在清明之后。播种时，需事先用稻秆和麦秆将稻种包起来放到水中浸泡数日，等到稻种发芽后再将其撒到田里。稻苗长到一寸

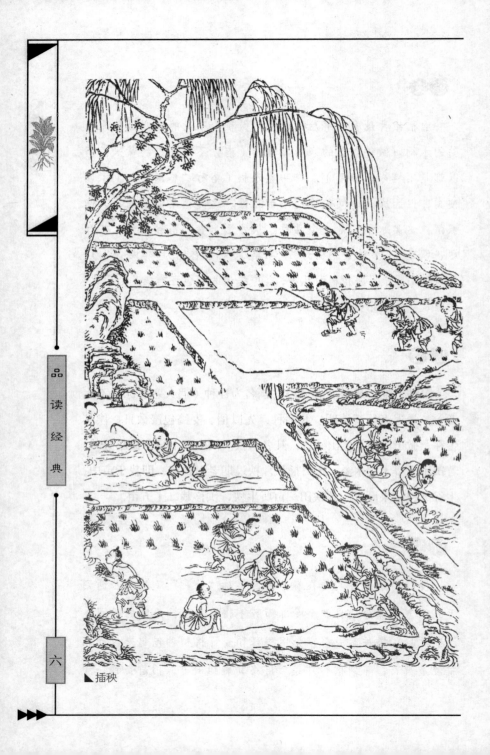

▲插秧

高的时候称做稻秧。稻秧长三十天后就要将其拔出分开栽种。如果稻田干旱或有过多积水，均不可插秧。若插秧期过了仍未插秧，稻秧就会变老并长节，这时即便再将其插到田里也只能长出少量谷粒，而不会再结出更饱满的谷粒了。一亩田里长出的稻秧足够移栽二十五亩田。

凡秧既分栽后，早者七十日即收获（粳有"救公饥"、"喉下急"，糯有"金包银"之类。方语百千，不可殚述），最迟者历夏及冬二百日方收获。其冬季播种、仲夏即收者，则广南之稻，地无霜雪故也。凡稻旬日失水，即愁旱干。夏种秋收之谷，必山间源水不绝之亩，其谷种亦耐久，其土脉亦寒，不催苗也。湖滨之田待夏潦已过，六月方栽者。其秧立夏播种，撒藏高亩之上，以待时也。

将稻秧分栽之后，早季稻大约在七十天之后就能收割（早季粳稻的品种有"救公饥"、"喉下急"，早季糯稻的品种有"金包银"等。各地早季稻的种类很多，无法一一尽述），晚季稻要经历整个夏天和冬天，大概两百天之后才能收割。那些在冬天播种、夏天就能收割的稻谷，是广东的稻谷，因为那里没有霜雪。水稻如果十天不灌溉，就会干旱。夏天种

天工开物

七

下秋天收割的稻谷，必须要种在山间水源不断的土地上，这类稻谷生长周期长，加上土地阴寒，不能促使稻苗快速生长。靠近湖水的土地要等到夏天的洪水过后，差不多六月份的时候才能在上面插秧。这类稻谷在立夏的时候播种，将它们洒在地势高的地方，然后等待插秧。

南方平原，田多一岁两栽两获者。其再栽秧俗名晚糯，非粳类也。六月刈初禾，耕治老稿田，插再生秧。其秧清明时已偕早秧撒布。早秧一日无水即死，此秧历四、五两月，任从烈日暴干无忧，此一异也。凡再植稻遇秋多晴，则汲灌与稻相终始。农家勤苦，为春酒之需也。凡稻旬日失水则死期至，幻出旱稻一种，粳而不粘者，即高山可插，又一异也。香稻一种，取其芳气以供贵人，收实甚少，滋益全无，不足尚也。

南方平原地区，大多一年种植水稻两次、收割两次。第二次栽种的稻通常被称为"晚糯稻"，这类稻不属于粳稻。在六月份，人们将第一次栽种的稻谷收割掉，然后翻耕留有稻茬的田地，再插晚稻秧。晚稻在清明的时候就已经和早稻一起播种了。早稻秧如果一天之内得不到灌溉就会死，而晚稻秧经历了四月份和五月份，即便烈日炎炎也不会旱死，这是个不同的品种。如果秋天晴天很多，就要一直浇灌晚稻。农民辛苦劳作，是因为要用稻米酿造春酒。水稻如果十天得不到浇灌就会死去，于是人们培育出了旱稻。这种稻种属于粳稻但没有黏性，即便在高地上也能种植，这与寻常的稻相比又是一个特别的品种。还有一种香稻，取其香气来进贡给贵人，这类稻能收获的果实很少，而且全然没有营养，所以不提倡种这类稻。

稻工

原文

　　凡稻田刈获不再种者，土宜本秋耕垦，使宿稿化烂，敌粪力一倍。或秋旱无水及怠农春耕，则收获损薄也。凡粪田若撒枯浇泽，恐淋雨至过水来，肥质随漂而去。谨视天时，在老农心计也。凡一耕之后，勤者再耕、三耕，然后施耙则土质匀碎，而其中膏脉释化也。

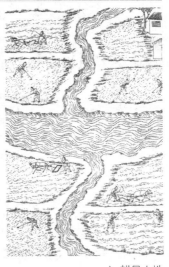

▲耕垦土地

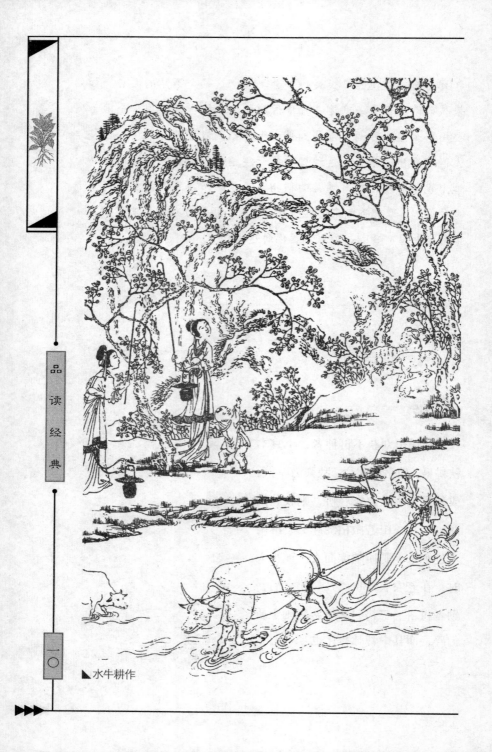

▲水牛耕作

译文

稻谷收割之后，如果稻田不再进行种植，就需要在当年的秋天耕垦土地，让稻茬在土地里腐烂，这样对土地的滋养比用粪肥滋养要好一倍。如果秋天干旱少水，或者农民由于倦怠到明年春天才耕垦土地，那么收获就会减少。如果依靠将枯饼撒在田里或者通过浇粪水的方式肥田，那么遇到下雨天肥质恐怕就会被雨水带走。所以老农就会依靠智慧来观察天气的变化。耕垦过一次土地后，勤劳的农民会进行第二次、第三次的耕垦，然后再用钉耙将土块捣碎，这样就能使肥料在土中散开。

原文

凡牛力穷者，两人以扛悬耜，项背相望而起土，两人竟日仅敌一牛之力。若耕后牛穷，制成磨耙，两人肩手磨轧，则一日敌三牛之力也。凡牛，中国唯水、黄两种，水牛力倍于黄（牛）。但畜水牛者，冬与土室御寒，夏与池塘浴水，畜养心计亦倍于黄牛也。凡牛春前力耕汗出，切忌雨点，将雨，则疾驱入室。候过谷雨，则任从风雨不惧也。

▲人力耕种

译文

　　如果农户没有耕牛，可以两个人用木杠悬着犁铧一前一后进行翻土耕地，但是合二人之力也仅和一头牛的劳动量一样。要是耕地之后没有牛来耙地，可以做一个磨耙，两个人用肩和手托着磨耙来碎土，这样一天的劳动成果比得上三头牛的效果。牛的种类，中国只有水牛和黄牛两种，水牛的力气比黄牛大一倍。但是蓄养水牛，冬天要让其住土屋御寒，夏天让其在池塘里洗浴，蓄养气力也是蓄养黄牛的几倍。牛在春分前用力耕地就会出汗，这时候切忌不能让牛被雨淋到，到下雨的时候，要把牛赶进牛棚里。等过了谷雨，牛就不怕风雨了。

原文

　　吴郡力田者以锄代耜，不借牛力。愚见贫农之家，会计牛值与水草之资、窃盗死病之变，不若人力亦便。假如有牛者供办十亩，无牛用锄而勤者半之。既已无牛，则秋获之后，田中无复刍牧之患，而菽、麦、麻、蔬诸种纷纷可种。以再获偿半荒之亩，似亦相当也。

译文

　　苏州一带种田的人用锄头来代替犁，不借用牛的力量。以我愚见，这是因为这些贫农之家，计算了牛的价格以及用于养牛的水草价格，然后又顾虑到牛被偷以及牛病死的情况，认为用牛还不如人力方便。假如有牛的人家能够耕田十亩，那些没有牛只用锄头耕地但是勤快劳作的人家也能耕地五亩。因为这些人家没有牛，因此在秋收后就没有要在田里养草放牧的担忧了，而豆、麦、麻、菜也都能种植。用收获豆、麦、麻、菜的价值来弥补少耕种五亩的损失，似乎也是不错的。

　　凡稻分秧之后数日，旧叶萎黄而更生新叶。青叶既长，则耔（俗名挞禾）可施焉。植杖于手，以足扶泥壅根，并屈宿田水草，使不生也。凡宿田茼草之类，遇耔而屈折。而稊、稗与茶、蓼非足力所可除者，则耘以继之。耘者苦在腰、手，辨在两眸，非类既去，而嘉谷茂焉。从此泄以防潦，溉以防旱，旬月而"奄观铚刈"矣。

　　将水稻插秧后过几天，秧苗上的旧叶会枯萎变黄，然后新的叶子就会长出来。新叶子长出来后，就可以耔田（俗名挞禾）了。耔田的方法是用手拿着木棍，用脚将泥固定在秧苗的根上，随后将田里的水草踩进泥土，让水草不再生长。茼草一类的田间水草，可以直接用脚踩折。但是像梯、稗还有茶、蓼之类的水草，仅仅靠脚力是不能除去的，必须接着用手拔掉。除草的人手和腰会很辛苦，而辨别水草就要靠双眼。那些水草去除之后，稻谷就能生长得很好。在这之后，就要排水防涝、灌水防旱，过个把月就可以收割稻谷了。

水利

　　凡稻防旱藉水，独甚五谷。厥土沙、泥、硗、腻，随方不一。有三日即干者，有半月后干者。天泽不降，则人力挽水以济。凡河滨有制筒车者，堰陂障流，绕于车下，激轮使转，挽水入筒，一一倾于枧内，流入亩中。昼夜不息，百亩无忧（不用水时，栓木碍止，使轮不转动）。其湖、池不流水，或以牛力转盘，或聚数人踏转。车身长者二丈，短者半之。其内用龙骨拴串板，关水逆流而上。大抵一人竟日之力灌田五亩，而牛则倍之。

　　稻比五谷更需要灌水防旱。种植水稻的泥土种类因地方不同而不同，一般有沙土、黏土、瘦土、肥土等几种。有些地方的泥土在灌溉后三天就干了，有的地方的泥土灌溉后过半个月才干。如果天不下雨，就要依靠人力去灌水。农家在沿河岸边制作筒车，然后筑坝让水流到筒车那里，凭借急流让筒车转动，水也因此被引入筒勺，筒勺中的水又都注入水槽，最后流到田中。这些筒车能够日夜不停地工作，即使有上百亩田要灌溉也不用担心（不用灌溉的时候，就用木桩卡住筒车，不让其运转）。湖和水池里的水不会流动，就用牛力去拉动转盘带动转盘来引水，或者聚集几个人的力量来踏转水车引水。有的水车身长两丈，短的水车也有一丈长。水车里用龙骨将木板串联起来带动水逆流而上，然后再流到田里。利用水车，一个人一天下来就足以灌溉五亩田地，如果用牛则能灌溉十亩。

其浅池、小浍不载长（水）车者，则数尺之车，一人两手疾转，竟日之功可灌二亩而已。扬郡以风帆数扇，俟风转车，风息则止。此车为救潦，欲去泽水以便栽种，盖去水非取水也，不适济旱。用桔槔、辘轳，功劳又甚细已。

▶拔车引水

水浅的水池或者小水沟无法放置很长的水车，就放置数尺长的拔车。一个人用两手快速转动摇柄使水车引水灌溉，这样一天仅能灌溉两亩地而已。扬州的农民在水车上安置了数扇风帆，通过风力使水车转动，有风的日子水车就能运转，没风的日子就不会运转。这种靠风来转动的车是用来排水防涝的，排水后再栽种水稻。大概因为这种车只能排水不能取水，因此不能用于防旱。如果换做用桔槔、辘轳来取水灌溉，功效就又会小很多。

麦

原文

凡麦有数种。小麦曰来，麦之长也。大麦曰牟、曰穬，矿杂麦曰雀、曰荞。皆以播种同时，花形相似，粉食同功，而得麦名也。四海之内，燕、秦、晋、豫、齐、鲁诸道烝民粒食，小麦居半，而黍、稷、稻、梁仅居半。西极川、云，东至闽、浙、吴、楚腹焉，方圆六千里中，种小麦者二十分而一，磨面以为捻头、环饵、馒首、汤料之需，而饔飧不及焉。种余麦者五十分而一，间阎作苦以充朝膳，而贵介不与焉。

译文

麦有很多种类。小麦称为来，是最主要的麦类品种；大麦称为牟或穬；杂麦称为雀或荞。这些都是在相同的时间段播种，花形相似，并且都是磨成粉之后再食用的，所以就都归类为麦。在全国范围内，河北、陕西、山西、河南以及山东各地，麦占据百姓口粮的一半，而黍、稷、稻、粱加起来也仅仅只占了一半而已。西至四川、云南，东至福建、浙江、苏州以及楚地的中心地带，将近六千里的范围内，种植小麦的地方约占了二十分之一。将小麦磨成粉，可以制作花卷、糕饼、馒头、面条，但这些食物都不作为正餐食用。种植其他麦类的地方约占五十分之一，贫苦人家将这些麦类作为早餐，而那些富贵人家是不吃这些东西的。

原文

　　穬麦独产陕西，一名青稞，即大麦，随土而变。而皮成青黑色者，秦人专以饲马。饥荒，人乃食之（大麦亦有粘者，河洛用以酿酒）。雀麦细穗，穗中又分十数细子，间亦野生。荞麦实非麦类，然以其为粉疗饥，传名为麦，则麦之而已。

译文

　　穬麦只生长在陕西，又称做"青稞"，也就是俗称的大麦，因为土质的不同而有不同的变种。外皮是青黑色的大麦，陕西一带的人专门用其来喂马。只有在饥荒的年代，人们才会去吃这种外皮呈青黑色的大麦（大麦中也包含带有黏性的品种，黄河、洛水之间的地带的人用其来酿酒）。雀麦的麦穗很细，每穗又分为十几个小穗，这其中也有野生的。荞麦不属于麦类，但因为荞麦同样要磨成粉才能作为充饥的食物，所以就被说成是麦，那么姑且就称之为麦吧。

 原文

　　凡北方小麦，历四时之气，自秋播种，明年初夏方收。南方者种与收期时日差短。江南麦花夜发，江北麦花昼发，亦一异也。大麦种获期与小麦相同。荞麦则秋半下种，不两月而即收。其苗遇霜即杀，邀天降霜迟迟，则有收矣。

译文

　　北方小麦的生长期，涵盖了整个四季，它们自秋季播种，等到第二年的初夏才能收割。南方的小麦从播种到收割所要花费的时间要少一些。江南的麦在晚上开花，江北的麦则在白天开花，这也是一件奇事。大麦从种植到收获所经历的时间和小麦相同。荞麦则是在中秋过后播种，不到两个月就能收获。荞麦的麦苗遇霜即死，因此希望霜降来得晚些，这样就能有所收获了。

麦工

凡麦与稻初耕、垦土则同，播种以后，则耘、籽诸勤苦皆属稻，麦唯施耨而已。凡北方厥土坟垆易解释者，种麦之法耕具差异，耕即兼种。其服牛起土者末不用耕耪，并列两铁于横木之上，其具方语曰镪。镪中间盛一小斗，贮麦种于内，其斗底空梅花眼。牛行摇动，种子即从眼中撒下。欲密而多，则鞭牛疾走，子撒必多；欲稀而少，则缓其牛，撒种即少。既播种后，用驴驾两小石团压土埋麦。凡麦种压紧方生。南方地不北同者，多耕、多耙之后，然后以灰拌种，手指拈而种之。种过之后，随以脚跟压土使紧，以代北方驴石也。

种麦时的耕田翻土和种稻时是一样的，播种之后，稻田需要辛勤地壅根和拔草，麦田则只要除草就足够了。北方的泥土土质疏松，所以容易打碎，在那些地方，种麦的方法和所用耕具与种稻不一样，在耕地的时候就要撒麦种。北方用牛翻土的时候不需要犁，而是在横木上装上两个铁尖，当地人称之为镪。镪中间有一个小斗，将麦种放在小斗里，小斗的底端钻有梅花眼。

牛在前行的时候会使小斗摇动，然后种子就会通过梅花眼撒到泥土里。想要种得又密又多，就让牛走得快一点，这样就能撒更多的麦种；如果要种得又稀又少，就慢慢地赶牛，这样撒种就会少了。在播种之后，驱赶驴子拉着两个石块碾压泥土将麦种压住。麦种被泥土压紧之后才能生长。南方的土地不同于北方，需要多次耕地和翻土之后，用草灰搅拌麦种，然后用手指掇起点播。播种之后，再用脚跟压土使麦种与泥土压紧，这样就代替了北方用驴拉石块压土了。

原文

耕种之后，勤议耨锄，凡耨草用阔面大镈。麦苗生后，耨不厌勤（有三过四过者），余草生机尽诛锄下，则竟亩精华尽聚嘉实矣。功勤易耨，南与北同也。凡粪麦田，既种以后，粪无可施，为计在先也。陕、洛之间忧虫蚀者，或以砒霜拌种子，南方所用，惟炊烬也（俗名地灰）。南方稻田有种肥田麦者，不冀麦实。当春小麦、大麦青青之时，耕杀田中蒸罨土性，秋收稻谷必加倍也。

▲锄草

译文

麦种在播种之后，要勤于除草，除草的时候要用锄面宽阔的锄头。麦苗长出来以后，除草要勤（有三次或者四次的），用锄头使杂草的生机断绝，这样就能使田里的肥分全都用来促进麦的生长。勤劳劳作就能除尽杂草，这一点南北方都是一样的。给麦田施肥要在播种之前，播种之后再去施肥是没有效果的。陕西、洛水一带的人担心麦种被虫子侵蚀，就用砒霜拌种，而南方的人则用草木灰（俗称地灰）拌种。南方也有在稻田里种肥田麦的，种这些麦并不指望能够收到果实，而是在春天小麦、大麦长得青绿的时候，将肥田麦割了埋在田中，让它们烂在地里，可以增加肥力，这样就能使秋天收获稻谷时获得多一倍的产量。

凡麦收空隙可再种他物。自初夏至季秋，时日亦半载，择土宜而为之，唯人所取也。南方大麦有既刈之后乃种迟生粳稻者。勤农作苦，明赐无不及也。凡荞麦，南方必刈稻，北方必刈菽、稷而后种。其性稍吸肥腴，能使土瘦。然计其获入，业偿半谷有余，勤农之家何妨再粪也。

麦子收割后的空隙还可以栽种其他作物。从初夏到秋末，有将近半年的时间，可以因地制宜地选择合适的作物来种植，这些都由人自行决定。南方有在收割了大麦之后种植晚生的粳稻的。农民辛勤劳作，总能有很多收获。南方是在割了稻之后播种荞麦，北方是在割了豆子和稷之后播种荞麦。荞麦生性喜欢吸收肥料，容易使土质变得肥性不足。然而种荞麦的收入，能抵得上种植稻谷时所得收入的一半还有余，辛勤劳作的农家也不介意再去给田地施肥。

黍、稷、粱、粟

凡粮食，米而不粉者种类甚多。相去数百里，则色、味、形、质随方而变，大同小异，千百其名。北人唯以大米呼粳稻，而其余概以小米名之。凡黍与稷同类，粱与粟同类。黍有粘有不粘（粘者为酒），稷有粳无粘。凡粘黍、粘粟，统名曰秫，非二种外更有秫也。黍色赤、白、黄、黑皆有，而或专以黑色为稷，未是。至以稷米为先他谷熟，堪供祭祀，则当以早熟者为稷，则近之矣。

粮食里面有很多种是只碾成米而不磨成粉的。相隔几百里的地方，粮食的颜色、味道、形状和品质都因为产地的不同而不同，但都是大同小异，而且名字数以千计。北方人称呼粳稻为大米，将其余的稻类都称小米。黍与稷同类，粱与粟同类。黍有黏的，也有不黏的（黏的黍用于做酒），稷却只有粳而不黏的一个品种。凡是黏的黍、黏的粟，都统称为秫，但并不是说除了这两种之外就没有其他的秫。黍有红、白、黄、黑这几种颜色，有的人专门将黑色的黍称为稷，这是不正确的。至于说因为稷米比其他谷物早熟，刚刚好能够用来祭祀，因此将早熟的作物称为稷，这种说法还差不多。

凡黍在《诗》、《书》有虋、芑、秬、秠等名，在今方语有牛毛、燕颔、马革、驴皮、稻尾等名。种以三月为上时，五月熟。四月为中时，七月熟。五月为下时，八月熟。扬花结穗，总与来、牟不相见也。凡黍粒大小，总视土地肥硗、时令害育。宋儒拘定以某方黍定律，未是也。

黍在《诗经》、《尚书》中有虋、芑、秬、秠等名称，在方言中也有牛毛、燕颔、马革、驴皮、稻尾等叫法。黍最早能在三月播种，在五月就成熟了；其次在四月播种，七月成熟；最晚在五月播种黍，八月才成熟。黍开花结穗的时间与小麦、大麦开花结穗的时间不同。黍的果实大小，受土地肥瘦程度、时节好坏的影响。宋代儒生固定地将某个地方的黍粒大小作为标准，这未必就是正确的。

凡粟与粱统名黄米，粘粟可为酒。而芦粟一种，名曰高粱者，以其身高七尺，如芦、荻也。粱粟种类名号之多，视黍稷犹甚。其命名或因姓氏、山水，或以形似、时令，总之不可枚举。山东人唯以谷子呼之，并不知粱粟之名也。

以上四米皆春种秋获。耕耨之法与来、牟同，而种收之候则相悬绝云。

粟和粱都统称为黄米，黏的粟可以酿酒。有一种芦粟被称做高粱，因为它秆长七尺，就像芦、荻一样。粱、粟的种类和名号很多，比黍、稷的还要多。对其命名有时候是根据姓氏、山川，有时候是根据形状、时令，总之，有很多的方式，不胜枚举。而山东人只称呼它们为谷子，并不知道还有粱、粟一类的名称。

上面所说的四种粮食，都是春种秋收。耕地和翻土的方法和种大麦、小麦的方法相同，但是播种的时间和收获的时间就相差很大了。

粹精

宋子曰：天生五谷以育民，美在其中，有『黄裳』之意焉。稻以糠为甲，麦以麸为衣。粟、粱、黍、稷毛羽隐焉。播精而择粹，其道宁终秘也。

原文

宋子曰：天生五谷以育民，美在其中，有"黄裳"之意焉。稻以糠为甲，麦以麸为衣。粟、粱、黍、稷毛羽隐焉。播精而择粹，其道宁终秘也。

饮食而知味者，食不厌精。杵臼之利，万民以济，盖取诸"小过"。为此者，岂非人貌而天者哉！

译文

宋子说：自然界生长的五谷使百姓得到供养，五谷都包在黄色的谷壳中，谷壳就仿佛是"黄色的衣裳"一样。稻以糠为外衣，麦以麸为外衣；粟、粱、黍、稷的果实则隐藏在毛羽之下。将外边杂物剥去，就得到了精细的食物，

▶ 用杵臼加工粮食

这是显而易见的。

对饮食要求很高的人，粮食越精越好。加工粮食所用的杵臼，使万民得到便利，杵臼的工作原理就像卦象中的"小过"一样。制作杵臼的人，不是一般人而是天纵之才啊！

攻稻

凡稻刈获之后，离稿取粒。束稿于手而击取者半，聚稿于场而曳牛滚石以取者半。凡束手而击者，受击之物或用木桶，或用石板。收获之时雨多霁少，田稻交湿不可登场者，以木桶就田击取。晴霁稻干，则用石板甚便也。

割完稻子之后，要从稻秆上取稻粒。一半人用手握着一把稻秆进行击打将稻粒震落，另一半人将稻秆放在场地上，用牛拉石磙来碾取稻粒。前者用来击打稻秆的物品是木桶或者石板。粮食收获的时候，如果雨天多晴天少，田里的稻子就会变湿，导致不能将稻秆拉到场地上，人们便在田间就地用木桶击取稻粒。晴天的时候稻子变干了，就用石板来击取稻粒，这样更为方便。

木桶击湿稻

原文

　　凡服牛曳石滚压场中，视人手击取者力省三倍。但作种之谷，恐磨去壳尖减削生机，故南方多种之家，场禾多藉牛力，而来年作种者则宁向石板击取也。

　　凡稻最佳者，九穰一秕。倘风雨不时，耘耔失节，则六穰四秕者容有之。凡去秕，南方尽用风车扇去。北方稻少，用飏法，即以飏麦、黍者飏稻，盖不若风车之便也。

译文

　　用牛拉石碌碡碾取稻粒，要比用手击取稻粒省力三倍。但是要做粮种的谷子，因为怕将其壳尖磨去而使生机减弱，所以南方种地多的人家，场地上的稻子就用牛拉石碌碡碾取，那些来年作为粮种的谷子只用手在石板上击取。

　　最好的稻子，每十根稻秆中有九根长满稻穗，只有一棵上面的谷粒不饱满。如果碰上风雨不定的天气，耕地和除草没有赶上时机，那么就会出现六穗四秕的情况。南方的人都用风车将不饱满的谷子扇去；北方因为稻子产量较少，就用扬场的办法，即用扬麦、扬黍的方式来扬稻，但是这样没有用风车方便。

原文

　　凡稻去壳用砻，去膜用舂、用碾。然水碓主舂则兼并砻功。

天工开物

燥干之谷入碾亦省砻也。凡砻有二种，一用木为之，截木尺许（质多用松），斫合成大磨形，两扇皆凿纵斜齿，下合植笋穿贯上合，空中受谷。木砻攻米二千余石，其身乃尽。凡木砻，谷不甚燥者入砻亦不碎，故入贡军国、漕储千万，皆出此中也。一土砻，析竹匡围成圈，实洁净黄土于内，上下两面各嵌竹齿。上合篑空受谷，其量倍于木砻。谷稍滋湿者，入其中即碎断。土砻攻米二百石，其身乃朽。凡木砻必用健夫，土砻即屠妇弱子可胜其任。庶民饔飧皆出此中也。

　　去掉稻谷的壳要用砻，去皮时可以用舂的方法，也可以用碾的方式。如果用水碓来舂谷也会起到用砻去壳一样的效果。干燥的谷子若用碾的方式去皮则可省去用砻去壳的步骤。砻有两种，一种是用木头做的，制作时截取一尺长的木头（多用松木），然后加工成大磨的形状，两扇都凿成齿轮状，下扇用榫与上扇接合，去壳时，将稻谷从上扇的扇孔中倒入。这种木砻大概磨谷两千石之后，就损坏了。用木砻去壳时，如果谷子不干燥，加工时就不会被磨碎，因此那些上缴的军粮、用于漕运以及存储的粮食，多达千万石，都是用木砻加工的。还有一种土砻，是用竹子做成圆筐之后在中间放入干净的黄土，然后在上下两面都镶嵌上竹制的齿轮。上合用竹制漏斗来盛谷，可比木砻多装两倍的稻谷。稻谷如果稍微湿润一点，用土砻加工就会将其碎断。用土砻磨谷两百石之后，土砻就损坏了。用木砻加工时需要有壮年人去操作，用土砻加工时，妇女儿童也能胜任。百姓所吃的米都是用土砻加工的。

凡既砻，则风扇以去糠秕，倾入筛中团转。谷未剖破者，浮出筛面，重复入砻。凡筛大者围五尺，小者半之。大者其中心偃隆而起，健夫利用；小者弦高二寸，其中平洼，妇子所需也。

用砻去壳后，再用风扇将掺杂在稻谷中的糠秕扇去，然后再将稻谷放在筛子中团团转动。那些没有破壳的谷子就会浮出筛面，将这些没有去壳的谷子再放入砻中去壳。大的筛子方圆五尺长，小的筛子也有大筛的一半。大的筛子中间稍突起，适合健壮的人；小的筛子边上高两寸，中间比较平洼，适合妇女使用。

原文

凡稻米既筛之后，入臼而舂。臼亦两种。八口以上之家，掘地藏石臼其上。臼量大者容五斗，小者半之。横木穿插碓头（碓嘴冶铁为之，用醋淬合上），足踏其末而舂之。不及则粗，太过则粉，精粮从此出焉。晨炊无多者，断木为手杵，其臼或木或石以受舂也。既舂以后，皮膜成粉，名曰细糠，以供犬猪之豢。

荒歉之岁，人亦可食也。细糠随风扇播扬分去，则膜尘净尽而粹精见矣。

稻米用筛子筛过后，放入白中进行春捣。白也有两种。家有八口以上的大家庭，将地面挖开，然后将石白放在挖开的地方。大的白可以盛放五斗稻米，小的白也能放二斗半。将横木插入碓头（碓嘴是铁做的，用醋滓将碓嘴和横木连上），然后用脚踩踏横木的尾端春米。春米不充分就会觉得米质粗糙，太过分则会米碎成粉，精米都是这样白出来的。吃粮食不多的人家，可以用木头做成手杵，白可以是木制，也可以是石制，随后就可以春米了。春过后，谷皮就成了粉，被称做"细糠"，可以用于喂食犬、猪。收成不好的年份，人也可以吃细糠。细糠被风车扬去，皮膜和尘土除尽，就能得到精白的大米了。

凡水碓，山国之人居河滨者之所为也。攻稻之法省人力十倍，人乐为之。引水成功，即筒车灌田同一制度也。设臼多寡不一，值流水少而地窄者，或两三臼。流水洪而地室宽者，即并列十臼无忧也。江南信郡水碓之法巧绝。盖水碓所愁者，埋臼之地卑则洪潦为患，高则承流不及。信郡造法，即以一舟为地，橛桩维之。筑土舟中，陷臼于其上。中流微堰石梁，而碓已造成，不烦斫木壅坡之力也。又有一举而三用者，激水转轮头，一节转磨成面，二节运碓成米，三节引水灌于稻田。此心计无遗者之所为也。

译文

　　水碓是山区里居住在河边的人所用的东西。用水碓来加工稻谷可以省下十倍的人力，人们也都乐意使用水碓。水碓引水的原理和筒车引水的原理是一样的。水碓上设置的臼数量不一，流水少且环境狭窄的地方，就设置两三臼；流水足且环境宽敞的地方，即使并排设置十个臼也不成问题。江南信郡制作水碓的方法十分绝妙。使用水碓时，需要担心的就是如果埋臼的地方地势过低，遇洪涝灾害时会被淹没；如果埋臼的地方地势很高，水流则有可能流不到。信郡在制造水碓时，以船作为场地，然后打桩，将船固定住，在船身放上泥土，再将臼埋在土里。要是在河的中流已填石筑造了堤坝，则不用在水碓周围打桩，水碓就安好了。更有一物三用的水碓：水流带动轮轴转动，水碓的第一节可以磨面，第二节可以舂米，第三节可以引水灌田。

这是考虑事情很周到的人制造出来的。

 原文

　　凡河滨水碓之国，有老死不见砻者，去糠去膜皆以臼相终始。唯风筛之法则无不同也。

译文

　　在使用水碓的河滨地区，有的人到死也没见过砻，这一带的人始终用石臼来去壳去糠。只有风车和过筛方法是各地都用的东西。

 原文

　　凡碾砌石为之，承藉、转轮皆用石。牛犊、马驹唯人所使。盖一牛之力，日可得五人。但入其中者必极燥之谷，稍润则碎断也。

译文

　　碾子是用石头砌成的，碾盘和石磙也用石头制作。使用时，要靠人驱使牛或马来拉碾。用牛拉碾一天，相当于五个人拉一天的效果。放入碾中的必须是干燥的稻谷，如果稻谷稍微有点湿润就会被碾碎。

品读经典

攻麦

凡小麦其质为面。盖精之至者，稻中再舂之米，粹之至者，麦中重罗之面也。小麦收获时，束稿击取，如击稻法。其去秕法，北土用扬，盖风扇流传未遍率土也。凡扬不在宇下，必待风至而后为之。风不至，雨不收，皆不可为也。凡小麦既扬之后，以水淘洗尘垢净尽，又复晒干，然后入磨。

小麦是做面粉的原料。稻谷加工到最精就是舂过两次的白米，小麦加工到最精就是重复罗过的细白面粉。小麦收获之后，要用手握着麦秆击取麦粒，和击取稻谷的方法是一样的。给小麦去秕，北方人用的是扬场的方法，这是因为风车还没有在全国普及。扬场时不能在屋檐下扬，而是要等有风的时候再去扬，在没有风或者雨下个不停的日子，都不能扬场。小麦经过扬场后，用水将尘垢淘洗干净，然后再晒干，随后就可以入磨了。

凡小麦有紫、黄二种，紫胜于黄。凡佳者每石得面一百二十斤，劣者损三分之一也。凡磨大小无定形，大者用肥犍力牛曳转。其牛曳磨时用桐壳掩眸，不然则眩晕。其腹系桶以盛遗，不然则秽也。次者用驴磨，斤两稍轻。又次小磨，则止用人推挨者。

译文

　　小麦有紫色和黄色两个品种，紫色的要好于黄色的。品质好的麦每石可以磨出一百二十斤面粉，稍差的麦就要减少三分之一的面粉。磨的大小没有固定的样式，大的磨需要驱赶被阉割的壮牛来拉。拉磨时，要用桐壳将牛的眼睛蒙住，否则牛会有眩晕的感觉。在牛的腹下系一个桶用来盛放牛的粪便，不然就会污秽不堪。小的磨可以用驴来拉，小磨的重量较轻。比小磨更小的磨，就只能用人力去推了。

▶罗面

凡力牛一日攻麦二石，驴半之，人则强者攻三斗，弱者半之。若水磨之法，其详已载《攻稻·水碓》中，制度相同，其便利又三倍于牛犊也。凡牛、马（磨）与水磨，皆悬袋磨上，上宽下窄，贮麦数斗于中，溜入磨眼。人力所挨则不必也。

用牛拉磨一天可以磨麦两石；用驴拉磨的话只能加工一石；如果靠人力去磨麦，力气大的人一天可以加工三斗，力气小的要比力气大的人少一半。使用水磨的方法，已经在《攻稻·水碓》中记载过了，水磨和石磨结构类似，用水磨加工效率是用牛犊拉磨的三倍。牛、马拉的磨以及水磨，都需要在磨上面悬挂一个袋子，袋子上宽下窄，内装数斗麦，磨麦时麦从袋中落进磨眼。用人力推动的磨就不需要袋子了。

凡磨石有两种，面品由石而分。江南少粹白上面者，以石怀沙滓，相磨发烧，则其麸并破，故黑额参和面中，无从罗去也。江北石性冷腻，而产于池郡之九华山者，美更甚。以此石制磨，石不发烧，其麸压至扁秕之极不破，则黑疵一毫不入，而面成至白也。凡江南磨二十日即断齿，江北者经半载方断。南磨破麸得面百斤，北磨只得八十斤，故上面之值增十之二，然面筋、小粉皆从彼磨出，则衡数已足，得值更多焉。

　　用于制造磨的石料有两种，面粉的品质也因所用石料的不同而不同。江南很少能够磨出细白的面粉，因为江南所用的石料含沙，会在磨面时摩擦发热，导致麦麸破碎，使黑麸混入面中，而且不能将其筛去。江北所用的石料性寒而细滑，那些产于池郡九华山的石料，品质就更好了。用这些石料制成的磨，就不会在磨面时发热，麦麸即使被压扁也不会破裂，黑麸皮也不会掺和到面里去了，所以磨出来的面十分细白。江南所制的磨使用二十次以后就会断齿，北方的磨则经过半年才断齿。南方的磨因为磨破了麸皮，所以一石麦可以磨面百斤，北方的磨

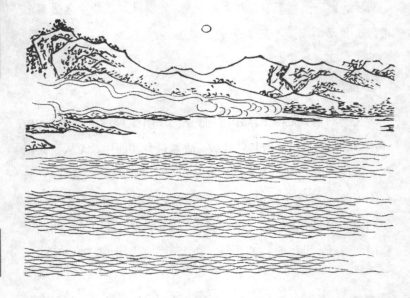

品读经典

则只有八十斤，因此上等的面的价格就会增值十分之二。面筋、淀粉也都能用北方的磨磨出，而且产量不少，所以能够得到更多的钱。

原文

　　凡麦经磨之后，几番入罗，勤者不厌重复。罗匡之底用<u>丝织罗地绢</u>为之。湖丝所织者，罗面千石不损。若他方黄丝所为，经百石而已朽也。凡面既成后，寒天可经三月，春夏不出二十日即郁坏。为食适口，贵及时也。凡大麦则就舂去膜，炊饭而食，为粉者十无一焉。荞麦则微加舂杵去衣，然后或舂或磨以成粉而后食之。盖此类之视小麦，精粗贵贱大径庭也。

　　麦经过磨制之后，要多次放入罗中，勤劳的人会不厌其烦。罗筐的底是用丝织绢制成的。用湖丝制成的罗底，即使罗面千石也不会破损。用其他诸如黄丝制成的罗底，罗面百石就会破损。面粉磨制成之后，冷天可以存放三个月，春夏时节不出二十天就会闷坏。所以为了吃到可口的食物，关键是要及时食用面粉。大麦在舂捣去膜之后，可以用来煮饭；如果用大麦来磨面粉，则产量连用小麦磨面的十分之一都不到。荞麦稍微经过舂捣去膜之后，就可以用舂或磨的方法来制成粉，随后就能

天工开物

食用了。这些粮食和小麦相比，质地精细程度和价格都差了一大截。

攻黍、稷、粟、粱、麻、菽

原文

　　凡攻治小米，扬得其实，舂得其精，磨得其粹。风扬、车扇而外，簸法生焉。其法篾织为圆盘，铺米其中，挤匀扬播。轻者居前，楪弃地下。重者在后，嘉实存焉。

译文

　　加工小米，扬能得米粒，舂能得精米，磨能得粉。扬米除了用风扬、车扇之外，还可以用簸箕。方法是先用竹篾编成圆盘，然后将小米铺在上面，均匀扬簸。这样就会使重量轻的东西扬到前面，并落在地上，那些重量大的就会往后靠，那些就是米粒。

原文

　　凡小米舂、磨、扬、播制器，已详《稻》、《麦》之中。唯小碾一制，在《稻》、《麦》之外。北方攻小米者，家置石墩，中高边下，边沿不开槽。铺米墩上，妇子两人相向，接手而碾之。其碾石圆长如牛赶石，而两头插木柄。米堕边时，随手以小篦扫上。家有此具，杵臼竟悬也。

▶ 箪上掼麻

加工小米所用的舂、磨、扬、播等方法以及所用的工具，都已经在《稻》、《麦》中记叙清楚了。只有小碾这种工具没有记录在《稻》、《麦》中。北方加工小米的人家，会在家中放置一个石墩，石墩中间略高四周略低，沿边不开槽，然后将米铺在石墩上，两个妇女面对面，用手推着石磙进行碾压。碾石呈长圆形，就像用牛拉的石磙一样，碾石两头插着木柄。小米被碾到石墩边缘时，就用扫帚扫到石碾中间。家中如果有石墩，就无需杵臼了。

凡胡麻刈获，于烈日中晒干，束为小把，两手执把相击，麻粒绽落，承藉以簟席也。凡麻筛与米筛小者同形，而目密五倍。麻从目中落，叶残、角屑皆浮筛上而弃之。

译文

芝麻在收割后，要在烈日下暴晒，然后将其捆成很多小把，一手拿一把互相敲击，这样芝麻就会自动脱落，下面放上竹席接着。筛选芝麻的筛子和筛选小米的筛子形状差不多，但是筛眼要比筛小米的筛眼密，大约为其五倍。芝麻从筛眼落下，筛完后把筛子上的残叶和角屑倒掉即可。

凡豆菽刈获，少者用枷，多而省力者仍铺场，烈日晒干，牛曳石赶而压落之。凡打豆枷，竹木竿为柄，其端锥圆眼，拴木一条，长三尺许，铺豆于场，执柄而击之。凡豆击之后，用风扇扬去荚叶，筛以继之，嘉实洒然入廪矣。是故，舂磨不及麻，磑碾不及菽也。

译文

豆类在收割之后，如果量少，可以用打豆枷使其脱粒；如果量多，那么省力的方法就是将它们铺在场地上暴晒，然后再用牛拉着石磙来使其脱粒。打豆枷是以竹竿或木杆为手柄，在一端钻上圆孔，然后拴上一条木头，木头大概长三尺。打豆时，将豆铺在场地上，然后手握手柄，用打豆枷打豆，使豆子脱粒。豆子脱落之后，用风车将其荚叶扇去，然后再进行筛选，做完这些步骤之后，得到的豆子就可以放进仓库了。所以说，芝麻不需要舂和磨，豆类不需要磨和碾。

作咸

宋子曰：天有五气，是生五味。润下作咸，王访箕子而首闻其义焉。口之于味也，辛酸甘苦，经年绝一无恙。

原文

宋子曰：天有五气，是生五味。润下作咸，王访箕子而首闻其义焉。口之于味也，辛酸甘苦，经年绝一无恙。独食盐禁戒旬日，则缚鸡胜匹，倦怠恹然。岂非"天一生水"，而此味为生人生气之源哉？四海之中，五服而外，为蔬为谷，皆有寂灭之乡，而斥卤则巧生以待。孰知其所以然？

译文

宋子说：五行之气存于大自然，因此就有了五种味道。五行中的水能够产生咸味，周武王拜访箕子的时候才第一次听闻这其中的奥妙。口中所能尝到的味道，是酸甜苦辣，这四种味道哪怕常年不吃其中一味都不会有问题。唯独盐不能不吃，如果人十多天不吃的话，就会

▲武王访箕子

连缚鸡之力都没有，而且会疲倦不堪。《周易》上说"天一生水"，不就是说水中盐质的咸味是人类产生活力的源泉吗？四海之内，五服之外，都有不能栽种蔬菜和谷物的地方，但盐却到处都能出产，这其中的原因何在呢？

盐 产

 原文

　　凡盐产最不一，海、池、井、土、崖、砂石，略分六种，而东夷树叶、西戎光明不与焉。赤县之内，海卤居十之八，而其二为井、池、土碱。或假人力，或由天造。总之，一经舟车穷窘，则造物应付出焉。

译文

　　盐的来源不一，大致可分为六类，即海盐、池盐、井盐、土盐、崖盐和砂石盐，东夷的树叶盐和西戎的光明盐不包括在内。中国境内，十分之八是海盐，其余十分之二为井盐、池盐、土盐等。有些盐是借人力制取的，有些盐是天然产出的。总之，那些用舟船很难到达的地方，总会有天然产出的盐。

海水盐

凡海水自具咸质。海滨地高者名潮墩，下者名草荡，地皆产盐。同一海卤传神，而取法则异。一法，高堰地，潮波不没者，地可种盐。种户各有区画经界，不相侵越。度诘朝无雨，则今日广布稻、麦稿灰及芦茅灰寸许于地上，压使平匀。明晨露气冲腾，则其下盐茅勃发。日中晴霁，灰、盐一并扫起淋煎。

海水本就含盐。海滨一带地势较高的地方叫做潮墩，地势较低的地方叫做草荡，这些地方均产盐。盐虽都是取自海水，提取的方法却有所不同。一种提取方法为在不被潮水冲刷的高地和堤坝上种盐。种盐的人都在自己的盐地上画上界限，互相不越界侵扰。估计着第二天不下雨，人们头天就将稻、麦秆灰和芦茅灰大范围地撒在地上约一寸厚，并将其压得平整而均匀。到第二天清晨露气弥漫时，在那层灰层的下面就会长出盐。白天天放晴时，将灰层和盐一同扫起来用水洗干净并煎炼即可得盐。

原文

　　一法，潮波浅被地，不用灰压，俟潮一过，明日天晴，半日晒出盐霜，疾趋扫起煎练。一法，逼海潮（入）深地，先掘深坑，横架竹木，上铺席苇，又铺沙于苇席之上。候潮灭顶冲过，卤气由沙渗下坑中，撤去沙、苇，以灯烛之，卤气冲灯即灭，取卤水煎练。总之功在晴霁，若淫雨连旬，则谓之盐荒。又淮场地面，有日晒自然生霜如马牙者，谓之大晒盐。不由煎练，扫起即食。海水顺风漂来断草，勾取煎练，名蓬盐。

译文

　　另一种方法就是在地势低的地方，不用草木灰压，只要等待潮水一过，第二天天晴的时候，半天时间就能晒出盐霜，然后就快速地扫起煎炼。还有一个方法是将海潮引到地势低洼的地方，先在那里挖一个坑，然后在上面架上竹木，竹木上铺好

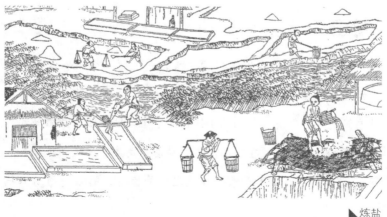

▲炼盐

席子，席子上再铺上沙子。等到海潮在上面冲过去，盐质就会透过沙子渗透到坑里去，随后人们就将沙子、席子撤去，将灯放于坑内，当盐卤气将灯火冲灭的时候，就可以取出卤水煎炼了。总之，做盐要靠天晴，如果连续下十多天的雨，就是盐荒。淮扬一带的晒盐场，经过日晒之后就会自然生成像马牙一样的盐霜，这个被称为"大晒盐"。这种盐不用经过煎炼，直接扫起就能食用。有些顺风时随着海水漂来的断草，人们将其勾取煎炼，所得的盐被称为"蓬盐"。

凡淋煎法，掘坑二个，一浅一深。浅者尺许，以竹木架芦席于上，将扫来盐料（不论有灰无灰，淋法皆同）铺于席上。四周隆起，作一堤挡形，中以海水灌淋，渗下浅坑中。深者深七八尺，受浅坑所淋之汁，然后入锅煎炼。

淋煎法，就是在地上掘两个坑，一个深一个浅。浅的坑深一尺左右，然后在上面架上竹木，铺上芦席，将扫来的盐料（不管有没有灰，淋洗法都相同）铺在席子上。席子四周微微隆起，形成堤坝状，然后就在中间用海水灌淋，使盐质渗透到坑里去。深的坑有七八尺，用于承接浅坑之内的卤水，随后将卤水入锅煎炼。

原文

　　凡煎盐锅古谓之牢盆，亦有两种制度。其盆周阔数丈，径亦丈许。用铁者以铁打成叶片，铁钉拴合，其底平如盂，其四周高尺二寸，其合缝处一经卤汁结塞，永无隙漏。其下列灶燃薪，多者十二三眼，少者七八眼，共煎此盘。南海有编竹为者，将竹编成阔丈深尺，糊以蜃灰，附于釜背。火燃釜底，滚沸延及成盐，亦名盐盆，然不若铁叶镶成之便也。凡煎卤未即凝结，将皂角椎碎，和粟米糠二味，卤沸之时投入其中搅和，盐即顷刻结成。盖皂角结盐，犹石膏之结（豆）腐也。

译文

　　煎炼盐所用的锅古代称为"牢盆"，也有两种形式。牢盆周长有数丈，直径也有一丈左右。用铁制成的牢盆，是将铁打成铁片后，用铁钉栓合而成。牢盆的底面和盂一样平，四周高一尺二寸，缝合处被煎炼后残留的盐质堵塞，这样能使牢盆永不渗漏。在牢盆下面设置一排灶，多的时候有十二三个灶眼，少的也有七八个，然后同时烧火来煎煮牢盆。南方沿海地区有用竹子编成的牢盆，这种牢盆阔为一丈深为一尺，在盆背糊有蜃灰。盆下烧火，煮沸的卤水就会逐渐变成盐，因此这种牢盆又被称为"盐盆"，但它没有铁制的牢盆方便。在煎炼卤水时，不等卤水凝结就要将皂角捣碎，然后伴着粟米糠，在卤水沸腾的时候投入锅中，接着搅拌混合，随后就凝成了食盐。用皂角结盐，就好比用石膏来凝固豆腐一样。

凡盐，淮扬场者，质重而黑，其他质轻而白。以量较之，淮场者一升重十两，则广浙长芦者，只重六七两。凡蓬草盐不可常期，或数年一至，或一月数至。凡盐见水即化，见风即卤，见火愈坚。凡收藏不必用仓廪，盐性畏风不畏湿，地下叠稿三寸，任从卑湿无伤。周遭以土砖泥隙，上盖茅草尺许，百年如故也。

淮扬盐场出产的盐，分量重而且外表黑，其他地区所产的盐则质轻而白。在重量的对比上，淮扬盐场一升盐重十两，广东、浙江、长芦的盐场所产的盐，一升只有六七两重。不能总期盼有蓬草盐，因为这些草或数年漂来一次，或一个月漂来数次。盐遇水就化，遇风即卤，遇火愈坚。储藏盐不必将其放在仓库中，盐怕风不怕湿，因此只要在地上铺上三寸厚的稻草，那么就算将盐放于低洼的湿地也没关系。如果四周有土砖砌成的墙，墙缝用泥塞紧，再在上面盖一尺厚的茅草，那盐即使在里面放上一百年也不会变质。

池盐

原文

　　凡池盐，宇内有二，一出宁夏，供食边镇。一出山西解池，供晋、豫诸郡县。解池界安邑、猗氏、临晋之间，其池外有城堞，周遭禁御。池水深聚处，其色绿沉。土人种盐者，池旁耕地为畦陇，引清水入所耕畦中，忌浊水参入，即淤淀盐脉。

译文

　　池盐国内有两个产地：一个在宁夏，供边镇的人食用；另一个在山西解池，供给山西、河南等地。解池在安邑、猗氏、临晋之间，外面有城墙护卫。池水深处呈绿色。本地的制盐的人都在池旁将土地犁成田垄，引入池内清水，同时保证不混入污浊的水，否则盐脉就会被阻塞住。

原文

　　凡引水种盐，春间即为之，久则水成赤色。待夏秋之交，南风大起，则一宵结成，名曰颗盐，即古志所谓大盐也。从海水煎者细碎，而此成粒颗，故得大名。其盐凝结之后，扫起即成食味。种盐之人积扫一石交官，得钱数十文而已。

译文

　　引入池水种盐，要在春天进行，如果迟了水就变成红色。夏秋之交刮起南风时，一夜之间就能结盐，即颗盐，即古书里讲的大盐。因为池水结成的盐比海里的盐颗粒大，所以叫大盐。这种盐结成盐粒后，收集起来就能食用。种盐的人要将一石盐递交官府，但只得几十文而已。

原文

　　其海丰、深州，引海水入池晒成者，凝结之时，扫食不加人力，与解盐同。但成盐时日与不借南风，则大异也。

译文

　　在海丰和深州，将海水引入池中制盐，待其凝结的时候，不用煎炼，扫起收集就可食用，和解盐差不多。但是成盐不需靠南风，这点与之不同。

井盐

原文

　　凡滇蜀两省，远离海滨，舟车艰通，形势高上，其咸脉即蕴藏地中。凡蜀中石山去河不远者，多可造井取盐。盐井周围不过数寸，其上口一小盂覆之有余，深必十丈以外，乃得卤信，故造井功费甚难。其器冶铁锥，如碓嘴形，其尖使极刚利，向石山春凿成孔。其身破竹缠绳，夹悬此锥。每春深入数尺，则又以竹接其身，使引而长。初入丈许，或以足踏碓，稍如春米形。太深则用手捧持顿下。所春石成碎粉，随以长竹接引，悬铁盏挖之而上。大抵深者半载，浅者月余，乃得一井成就。

译文

　　四川、云南在内陆，离海边很远，不通车船，而且地势高，盐脉蕴藏于地底。在四川境内距离河流不远的石山，可以凿井取盐。井口直径也就几寸左右，盖个小盆在上面都绰绰有余，但井很深，需达十几丈以外，才能得到盐层，所以凿井很不容易。用来凿井的工具是碓嘴形的铁锥，其尖端部分要极其锋利，才能将石层穿凿成孔。需用绳子将两片竹子缠紧，夹住锥身。每往深处钻进几尺，就要用竹子将其接长。一开始凿进去一丈深的时候，可用脚踩碓梢来完成，类似春米那样。往深处则需要手握着锥向下凿。当岩石粉碎时，就接好长竹子，用铁盆，将碎石挖上来。深井差不多要用半年，浅井差不多要用一个多月才能凿成。

原文

盖井中空阔，则卤气游散，不克结盐故也。井及泉后，择美竹长丈者，凿净其中节，留底下去。其喉下安消息，吸水入筒，用长絙系竹沉下，其中水满。井上悬桔槔、辘轳诸具，制盘驾牛，牛拽盘转，辘轳绞絙，汲水而上。入于釜中煎练（只用中釜，不用牢盆），顷刻结盐，色成至白。

译文

井口宽，盐卤就会疏散开来，无法结盐。当凿井凿到盐卤泉水的时候，用一丈长的好竹，凿穿竹筒的中节并保留最下一节。在竹节下端安上阀门，将盐水吸入筒中，用又长又粗的绳子系住竹筒沉入井下。井上架桔槔、辘轳等，套上牛带动转盘。牛拉着转盘，辘轳带动绳子向上引水。将卤水入锅煎炼（只用中等的锅，不用大牢盆），很快就会结盐，而且色泽很白。

原文

西川有火井，事奇甚。其井居然冷水，绝无火气。但以长竹剖开去节，合缝漆布，一头插入井底。其上曲接，以口紧对釜脐，注卤水釜中，只见火意烘烘，水即滚沸。启竹而视之，

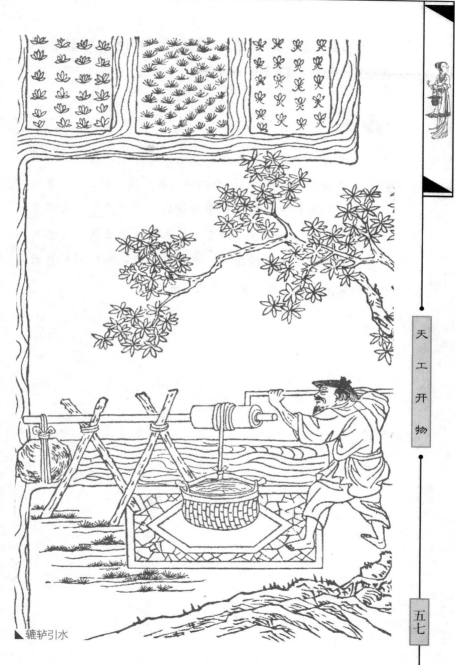

▲辘轳引水

绝无半点焦炎意。未见火形而用火神，此世间大奇事也！凡川、滇盐井，逃课掩盖至易，不可穷诘。

　　西川有种很奇妙的火井。井里面是冷水，没有火。用剖开且去掉中节的长竹筒，漆布并用将缝隙缝合好，插入井底。将竹筒另一端接上曲管，口正对锅底，灌进卤水，则卤水马上沸腾了。打开竹筒，里面没有半点烧焦的痕迹。火井之气没有火的外形却有火的作用，真是一大奇观啊！四川和云南地区的盐井逃税相当容易，无法追究。

甘嗜

宋子曰：气至于芳，色至于艳，味至于甘，人之大欲存焉。芳而烈，艳而艳，甘而甜，则造物有尤异之思矣。

原文

宋子曰：气至于芳，色至于艳，味至于甘，人之大欲存焉。芳而烈，艳而艳，甘而甜，则造物有尤异之思矣。世间作甘之味，十八产于草木，而飞虫竭力争衡，采取百花酿成佳味，使草木无全功。孰主张是而颐养遍于天下哉？

译文

宋子说：芬芳的气味，艳丽的色彩，甘醇的味道，是人们所希望的。有些东西天然就香气袭人，鲜艳美丽，甘醇甜美，这些都是大自然特意的安排。世间能产生甜味的东西中，甘蔗占据了十分之八，蜜蜂也会争衡，采百花之蜜酿成蜂蜜，使甘蔗不能独享尊荣。是什么让甘蔗和蜂蜜产生了甜味而滋养了天下人呢？

蔗 种

原文

凡甘蔗有二种，产繁闽、广间，他方合并，得其十一而已。似竹而大者为果蔗，截断生啖，取汁适口，不可以造糖。似荻而小者为糖蔗，口啖即棘伤唇舌，人不敢食，白霜、红砂皆从此出。凡蔗古来中国不知造糖，唐大历间，西僧邹和尚游蜀中遂宁，始传其法。今蜀中种盛，亦自西域渐来也。

译文

甘蔗可分为两种，盛产于福建、广东两地，其余地方的甘蔗加起来，产量也只有这两地的十分之一。甘蔗中的果蔗像竹但比竹大，切开生吃，汁液香甜，但无法制糖。糖蔗像荻但比荻小，咀嚼时容易刺伤口舌，不能生吃，白糖和红糖都是以糖蔗为原材料生产的。在早些时候的中国，根本不知道用甘蔗来制糖，唐代大历年间（766—779），邹和尚游历四川遂宁，始传制糖之法。现在四川的甘蔗种植很发达，也是从西域逐渐传来的。

原文

凡种获蔗冬初霜将至，将蔗砍伐，去杪与根，埋藏土内（土忌洼聚水湿处）。雨水前五六日，天色晴朗，即开出，去外壳，砍断约五六寸长、以两个节为率。密布地上，微以土掩之，头尾相枕，若鱼鳞然。两芽平放，不得一上一下，致芽向土难发。芽长一二寸，频以清粪水浇之，俟长六七寸，锄起分栽。

译文

一般是在冬初快降霜时种植获蔗，砍下获蔗，去除根和梢，然后埋在土里（切忌埋在低洼积水的土里）。在雨水节气的前五六天，天气转晴时，将蔗从土里取出，去掉外壳，将其砍为约五六寸长，每段保留两个节。在地上排好，覆盖上少量的土，使其像鱼鳞般的头尾相叠。每段蔗上的两个芽要平放，不能上下错开，如若不然，向下的芽就很难萌发。芽长到一二寸长的时候，需经常浇洒清粪水，长到六七寸长的时候，便挖出来分栽。

原文

凡栽蔗必用夹沙土，河滨洲土为第一。试验土色，掘坑尺五许，将沙土入口尝味，味苦者不可栽蔗。凡洲土近深山上流河滨者，即土味甘亦不可种。盖山气凝寒，则他日糖味亦焦苦。去山四五十里，平阳洲土择佳而为之（黄泥脚地，毫不可为）。

栽种甘蔗须用夹沙土，河边的土地最好。选土时，挖一尺五寸左右的坑，将少量沙土放入口中品尝，味道苦涩的，不能用来栽种甘蔗。但靠近深山河流上游的河边，即使土的味道是甜的，也不能用来栽种甘蔗。这是由于山地气候严寒，日后用甘蔗制成的糖，味道也会变苦。应在距离山地四五十里处，选择平坦、向阳的河边土地，并择取最好的地段栽种甘蔗（黄泥地不适于种植）。

凡栽蔗治畦行阔四尺，犁沟深四寸。蔗栽沟内，约七尺，列三丛，掩土寸许，土太厚则芽发稀少也。芽发三四个或六七个时，渐渐下土，遇锄耨时加之。加土渐厚，则身长根深，蔗免欹倒之患。凡锄耨不厌勤过，浇粪多少视土地肥硗。长至一二尺，则将胡麻或芸苔枯浸和水灌，灌肥欲施行，内高二三尺，则用牛进行内耕之，半月一耕，用犁一次垦土断旁根，一次掩土培根。九月初培土护根，以防砍后霜雪。

栽种甘蔗时要分畦，每畦宽四尺，挖深四寸的沟。在沟内栽种甘蔗，大约每七尺种三棵，覆盖约一寸厚的土，若土太厚则发芽便少。待到每棵长出三到七个芽时，逐渐培土，每逢中耕除草时都要培土。培土渐渐加厚，蔗秆加高而根茎纵深，可防止甘蔗倒塌。中耕除草须及时且不能嫌麻烦，浇粪的多少视土地肥沃或贫瘠的程度而定。一二尺高时，将芝麻枯饼、油菜籽枯泡水浇肥，肥料要洒在田行里。二三尺高时，须靠牛在蔗田行内耕作。每半月犁一次地，一次用来翻土并犁断旁生的根，一次用来掩土培根。九月初的时候培土护根，防止砍断后的蔗根被冻坏。

蔗 品

　　凡荻蔗造糖，有凝冰、白霜、红砂三品。糖品之分，分于蔗浆之老嫩。凡蔗性至秋渐转红黑色，冬至以后，由红转褐，以成至白。五岭以南，无霜国土，蓄蔗不伐，以取糖霜。若韶、雄以北，十月霜侵，蔗质遇霜即杀，其身不能久待以成白色，故速伐以取红糖也。凡取红糖，穷十日之力而为之。十日以前，其浆尚未满足，十日以后，恐霜气逼侵，前功尽弃。故种蔗十亩之家，限制车釜一副，以供急用。若广南无霜，迟早惟人也。

译文

　　用荻蔗制糖，能制出凝冰糖、白霜糖和红砂糖三个品种。糖的品质取决于蔗浆的老嫩。甘蔗外皮在秋天之后就会转为深红色，冬至过后就会由深红色转为褐色，最后变成白色。五岭以南无霜的地区，都不将荻蔗砍掉，而是留着用来制糖。但广东韶关、南雄以北的地区，过了十月就会降霜，甘蔗遇霜就会遭到破坏，因此人们不等甘蔗变成白色，便迅速将其砍掉用来制红糖。制取红糖要尽量在霜降前的十天内完成。若是在十天前就做，则蔗浆就不充足，如果在霜降后十天再去做，则蔗浆的品质会被霜气破坏而前功尽弃。因此种有十亩甘蔗的人家，需要制造一副造糖用的糖车和锅，以备急用。像广东南部没有霜降的地区，那么砍伐甘蔗的时间早晚就由人们自己决定了。

造糖

凡造糖车，制用横板二片，长五尺，厚五寸，阔二尺，两头凿眼，安柱，上榫出少许，下榫出板二三尺，埋筑土内，使安稳不摇。上板中凿二眼，并列巨轴两根（木用至坚重者），轴木大七尺围方妙。两轴一长三尺，一长四尺五寸，其长者出榫，安犁担。担用屈木，长一丈五尺，以便驾牛团转走。轴上凿齿，分配雌雄，其合缝处须直而圆，圆而缝合，夹蔗于中，一轧而过，与棉花赶车同义。

制造糖车要用两块长五尺、厚五寸、宽二尺的横板，横板的两端要凿孔并插上柱子。柱子上半部分的榫要稍稍露出横板外一些，下榫穿过下横板，外露二三尺，埋在地下，固定糖车使其不摇动。上边的横板中部凿穿两孔，并排插上两根巨轴（用极硬而重的木料），周长须大于七尺才合适。两根巨轴一个长三尺，另一个长四尺五寸，巨轴的榫须露出横板，在上面安装犁担。用长一丈五尺的曲木做成犁担，用牛转圈走动。巨轴上凿刻上能够互相咬合的凹凸齿，两巨轴合缝的地方必须直而圆，密切贴合。将甘蔗夹在两巨轴之间碾压，与轧棉花同理。

原文

　　蔗过浆流，再拾其滓，向轴上鸭嘴扱入，再轧而三轧之，其汁尽矣，其滓为薪。其下板承轴凿眼，只深一寸五分，使轴脚不穿透，以便板上受汁也。其轴脚嵌安铁锭于中，以便掽转。凡汁浆流板有槽枧汁入于缸内。每汁一石，下石灰五合于中。凡取汁煎糖，并列三锅，如“品”字，先将稠汁聚入一锅，然后逐加稀汁，两锅之内。若火力少束薪，其糖即成顽糖，起沫不中用。

译文

　　蔗经巨轴碾压后流出蔗浆，捡起碾压过的甘蔗，插入巨轴上的鸭嘴反复碾压，能将汁液榨尽，余下的甘蔗渣滓可当柴烧。

轧蔗取浆图

支撑巨轴的下面横板上凿深一寸五的孔，不让巨轴穿过下面的横板，以便收集蔗汁。巨轴的下端要镶上铁把手以便转动。收集甘蔗汁液的横板上有凹槽，汁液顺着凹槽流入缸内。每一石甘蔗汁要加入五合石灰。熬糖时，将三口铁锅排成"品"字形，先将汁液集中在一口锅内熬浓，再将稀汁加入另外两口锅中。如果火力不足柴火变少，容易将糖汁熬成顽糖，只起泡沫却无法使用。

造白糖

凡闽、广南方经冬老蔗，用车同前法。榨汁入缸，看水花为火色。其花煎至细嫩，如煮羹沸，以手捻试，粘手则信来矣。此时尚黄黑色，将桶盛贮，凝成黑沙。然后以瓦溜（教陶家烧造）置缸上。其溜上宽下尖，底有一小孔，将草塞住，倾桶中黑沙于内。待黑沙结定，然后去孔中塞草，用黄泥水淋下。其中黑滓入缸内，溜内尽成白霜。最上一层厚五寸许，洁白异常，名曰洋糖（西洋糖绝白美，故名）。下者稍黄褐。

用福建、广东南部那些经历了整个冬天的老甘蔗来制糖，使用糖车的方法和前面所说的一样。将榨出的糖汁存于缸内，然后在熬糖的时候观察糖汁沸腾时的水花，并以此为根据来控制火候。当水花呈现小泡状，好像是肉汤沸腾的时候，用手捻试，如

果黏手就说明火候差不多了。这时候糖浆还是黄黑色，将糖浆存于桶内，让糖浆凝成黑沙状。随后将瓦溜（请陶家烧造）放在缸上。瓦溜上宽下尖，底部有一个小孔，用草将其塞住，然后将桶内的黑沙倒入瓦溜中。等到黑沙凝固之后，就将孔中的草去掉，并将黄泥水淋入瓦溜中，这时候那些黑色的物质就会被淋入缸内，瓦溜中就会形成白糖。瓦溜的最上面一层糖厚五寸多，十分洁白，称做"西洋糖"（因为西洋糖特别白，故名），瓦溜下层的糖则稍呈黄褐色。

原文

造冰糖者，将白糖煎化，蛋青澄去浮滓，候视火色。将新青竹破成篾片，寸斩撒入其中。经过一宵，即成天然冰块。造狮、象、人物等，质料精粗由人。

译文

制作冰糖时，需要将白糖熬化，然后用鸡蛋清去掉浮滓，并注意观察火候。接着将新生的竹子做成篾片，篾片长约一寸，然后放于糖汁中。熬煮一晚之后，就会形成像天然冰块一样的冰糖了。要是想做成狮子、大象、人物等样子的糖，质料的精细由人自行决定。

原文

凡冰糖有五品："石山"为上，"团枝"次之，"瓮鉴"次之，"小颗"又次，"沙脚"为下。

译文

冰糖有五个品级："石山"为最上品，"团枝"二等，"瓮鉴"三等，"小颗"四等，而"沙脚"为最下品。

蜂蜜

凡酿蜜蜂普天皆有，唯蔗盛之乡则蜜蜂自然减少。蜂造之蜜出山岩、土穴者，十居其八，而人家招蜂造酿而割取者，十居其二也。凡蜜无定色，或青或白，或黄或褐，皆随方土、花性而变。如菜花蜜、禾花蜜之类，百千其名不止也。

译文

酿蜜的蜜蜂普天之下都有，只有盛产甘蔗的地方蜜蜂才会自然而然地减少。能酿蜜的蜜蜂，十分之八是源自土岩、土穴的野蜂，而人工饲养的蜜蜂只占了十分之二。蜂蜜没有固定的颜色，有的是青色，有的是白色，有的是黄色，有的是褐色，都是受各地环境和花性的影响。如菜花蜜、禾花蜜一类的蜂蜜，名目有成千上万。

原文

凡蜂不论于家于野，皆有蜂王。王之所居造一台如桃大，王之子，世为王。王生而不采花，每日群蜂轮值，分班采花供王。王每日出游两度（春夏造蜜时），游则八蜂轮值以侍。蜂王自至孔隙口，四蜂以头顶腹，四蜂傍翼，飞翔而去。游数刻而返，翼顶如前。

译文

　　蜜蜂无论是野蜂还是家蜂，都会有蜂王。群蜂会在蜂王居住的地方造一个像桃子一样大的台，蜂王之子世代为王。蜂王出生之后是不用采花的，每天会有群蜂分班采花酿蜜提供给蜂王食用。蜂王每天会出游两次（在春夏造蜜的时节），出游时会有八只蜜蜂轮流服侍。蜂王行至蜂巢口时，四只蜜蜂用头顶着蜂王的腹部，其余四只蜜蜂伴着飞去。蜂王出游不多久就会返回，回去的时候，还是按照刚才头顶腹部的方式回去。

原文

　　畜家蜂者，或悬桶檐端，或置箱牖下。皆锥圆孔眼数十，俟其进入。凡家人杀一蜂二蜂皆无恙，杀至三蜂，则群起螫人，谓之"蜂反"。凡蝙蝠最喜食蜂，投隙入中，吞噬无限。杀一蝙蝠，悬于蜂前，则不敢食，俗谓之"枭令"。居家蓄蜂，东邻分而之西舍，必分王之子去而为君，去时如铺扇拥卫。乡人有撒酒糟香而招之者。

译文

　　养家蜂的人家，有的在屋檐下挂桶养蜂，有的在窗下放置箱子养蜂。不管是桶还是箱子，都会用锥子在上面钻数十个圆孔，供蜜蜂进入。家人如果打死一两只蜜蜂不会有事，但是如果打死三只以上时，蜜蜂就会群起而蜇人，这叫"蜂反"。蝙蝠喜欢吃蜜蜂，时常乘机钻入蜂巢吃掉无数蜜蜂。如果将一只蝙蝠杀掉并悬挂在蜂桶前，那么其余蝙蝠就不敢来吃蜜蜂了，这叫做"枭令"。蓄养蜜蜂的人家，如果要将蜜蜂分房，就必须将蜂王之子分出去作为另一群的蜂王，群蜂化成扇形拥簇新蜂王离去。也有些乡人撒酒糟利用香气来吸引蜂群进行分房的。

凡蜂酿蜜，造成蜜脾，其形鬣鬣然。咀嚼花心汁，吐积而成，润以人小遗，则甘芳并至，所谓"臭腐神奇"也！凡割脾取蜜，蜂子多死其中，其底则为黄蜡。凡深山崖石上，有经数载未割者，其蜜已经时，自熟，土人以长竿刺取，蜜即流下。或未经年，而攀缘可取者，割练与家蜜同也。土穴所酿多出北方，南方卑湿，有崖蜜，而无穴蜜。凡蜜脾一斤，炼取十二两。西北半天下，盖与蔗浆分胜云。

译文

蜜蜂酿蜜时，先是造蜜脾，蜜脾外形就像整齐的鬣毛。蜜蜂先用嘴吮吸花心的汁液，然后吐积成蜜，有时蜜蜂也会吮吸人的小便，让蜂蜜更加香气宜人，这就是所谓的"化腐朽为神奇"！割下蜜脾炼制蜂蜜时，幼蜂大多死于其中，蜜脾底部为黄色蜂蜡。深山崖壁上有几十年未被割下的蜜脾，这里面的蜂蜜已经成熟了，当地人就用长竿刺蜜脾，蜂蜜会顺着长竿流下。未满一年的蜜脾人能够将其取下来炼制蜂蜜，方法就和炼取家蜂的蜜一样。土穴所酿之蜜大多出自北方，南方湿润，只有崖蜜而无穴蜜。一斤重的蜜脾能炼制十二两蜂蜜。西北地区所产的蜂蜜占全国总产量的一半，可以与南方的蔗浆相媲美。

膏液

宋子曰：天道平分昼夜，而人工继晷以襄事，岂好劳而恶逸哉？使织女燃薪，书生映雪，所济成何事也？草木之实，其中蕴藏膏液，而不能自流。

宋子曰：天道平分昼夜，而人工继晷以襄事，岂好劳而恶逸哉？使织女燃薪，书生映雪，所济成何事也？草木之实，其中蕴藏膏液，而不能自流。假媒水火，凭借木石，而后倾注而出焉。此人巧聪明，不知于何禀度也。

宋子说：天道将一天平分为黑夜和白天，而人类却在晚上点灯继续做事，这是好劳恶逸吗？让织女在燃烧的柴光下织布，让书生映着雪光看书，这又能做成什么事情呢？草木的果实中蕴藏着油脂，但这些油脂不会自己流出。人要借助于水火，或者通过木榨和石磨，才能将果实中的油脂取出来。这是人的技巧和智慧，但是从何时传下来这种方法就不得而知了。

人间负重致远，恃有舟车。乃车得一铢而辖转，舟得一石而罅完，非此物之为功也不可行矣。至菹蔬之登釜也，莫或膏之，犹啼儿之失乳焉。斯其功用一端而已哉？

译文

在人间要是将重物托运到远方，只有借助于舟车。车子的车轮需要一点润滑剂才能够运转，船需要大量的油才能将船体上的空隙堵住，如果没有油，车和船就都无法使用。至于在锅里炒菜，如果没有油就好比婴孩没有乳汁喂养一样，菜就不能做了。这些只是油料作用的一个方面罢了。

油品

　　凡油供馔食用者，胡麻（一名脂麻）、莱菔子、黄豆、菘菜子（一名白菜）为上，苏麻（形似紫苏，粒大于胡麻）、芸苔子（江南名菜子）次之，樏子（其树高丈余，子如金罂子，去肉取仁）次之，苋菜子次之，大麻仁（粒如胡荽子，剥取其皮，为绠索用者）为下。

　　用于食用的油，以芝麻（一名脂麻）、萝卜籽、黄豆、菘菜籽（一名白菜）制成的为最好；用苏麻（形似紫苏，粒大于芝麻）、芸苔籽（江南名菜籽）制成的稍次，用樏籽（其树高丈余，子如金罂子，去肉取仁）制成的次之，用苋菜子制成的又次之，用大麻仁（粒如胡荽籽，其皮剥下可用于制作绳索）制成的最次。

燃灯则柏仁内水油为上，芸苔次之，亚麻子（陕西所种，俗名壁虱脂麻，气恶不堪食）次之，棉花子次之，胡麻次之（燃灯最易竭），桐油与柏混油为下（桐油毒气熏人，柏油连皮膜则冻结不清）。造烛则柏皮油为上，蓖麻子次之，柏混油每斤入白蜡冻结次之，白蜡结冻诸清油又次之，樟树子油又次之（其光不减，但有避香气者），冬青子油又次之（韶郡专用，嫌其油少，故列次）。北土广用牛油，则为下矣。

用于点灯的油以柏仁中的水油为最好；其次是油菜籽油、亚麻籽油（种于陕西，俗称壁虱脂麻，因气味不好而不堪食用）；接下来就是棉花籽油和芝麻油（用于点灯消耗极大）；桐油和柏的混合油为下品（桐油毒气熏人，柏油连着皮膜冻结不清）。制作蜡烛的话以柏皮油为上品；稍差点的是蓖麻

▲榨油

籽油；其次是每斤柏混油加入白蜡面混合而成的油；再次就是加白蜡之后凝成的各种清油；而樟树籽油又次之（点燃时光亮不减，但是有人不喜其气味）；冬青籽油又次之（韶郡专用，人们嫌其油少，故列次等）；北方多用牛油，为最下品。

凡胡麻与蓖麻子、樟树子，每石得油四十斤。莱菔子每石得油二十七斤（甘美异常，益人五脏）。芸苔子每石得油三十斤，其耨勤而地沃、榨法精到者，仍得四十斤（陈历一年，则空内而无油）。茶子每石得油一十五斤（油味似猪脂，甚美，其枯则止可种火及毒鱼用）。桐子仁每石得油三十三斤。柏子分打时，皮油得二十斤、水油得十五斤，混打时共得三十三斤（此须绝净者）。冬青子每石得油十二斤。黄豆每石得油九斤（吴下取油食后以其饼充豕粮）。菘菜子每石得油三十斤（油出清如绿水）。棉花子每百斤得油七斤（初出甚黑浊，澄半月清甚）。苋菜子每石得油三十斤（味甚甘美，嫌性冷滑）。亚麻、大麻仁每石得油二十余斤。此其大端，其他未穷究试验，与夫一方已试而他方未知者，尚有待云。

用芝麻、蓖麻籽与樟树籽榨油，每石大概可以榨出四十斤油。每石萝卜籽可以榨出二十七斤油（味道甘美，对人的五脏有益）。每石油菜籽可以榨出三十斤油，如果耕地和除草勤快些，榨油的方法精到，则可以得四十斤油（如果油菜籽空放一年，则内部就会没有油分）。每石桲籽可以榨油十五斤（油味类似于猪油，味道鲜美，油渣只可以用来点火或毒鱼）。每石桐籽仁可以榨油三十三斤。乌桕子的皮和果实可以分开榨油，可榨取皮油二十斤，水油十五斤；不分开榨取时可榨油三十三斤（籽和皮都很干净的情况下）。每石冬青籽可榨油十二斤。每石黄豆可榨油九斤（吴下地区食用此油，榨完的豆渣制成豆饼喂猪）。每石菘菜籽可榨油三十斤（油澄清之后类似于绿水）。每百斤棉花籽可榨油七斤（刚榨完时浑浊而黑，沉淀半个月后就清澈了）。每石苋菜籽可榨油三十斤（味道很好，但性滑）。每石亚麻、大麻仁可榨油二十多斤。这些只是大致情况，其他情况还没有一一研究实验，或者其他只在一个地方实验而没有在其他地方实验的，还有待查考。

八
〇

法具

凡取油，榨法而外，有两镬煮取法以治蓖麻与苏麻。北京有磨法、朝鲜有舂法，以治胡麻。其余则皆从榨出也。凡榨，木巨者围必合抱，而中空之，其木樟为上，檀、杞次之（杞木为者防地湿，则速朽）。此三木者脉理循环结长，非有纵直纹。故竭力挥推，实尖其中，而两头无璺拆之患，他木有纵文者不可为也。中土江北少合抱木者，则取四根合并为之，铁箍裹定，横栓串合而空其中，以受诸质，则散木有完木之用也。

制油时，除榨法外，还有一种方法，即用两口锅煮，来处理蓖麻与苏麻。在处理芝麻的问题上，北京有磨法、朝鲜有舂法。其余的都是用榨法来制取。用巨木做的榨，必须是双手合抱粗，将中间挖空，选樟木为主要木料，其次是檀木和杞木（用杞木做的榨，受潮易腐朽）。此三种木料的纹理呈长圆形，一圈围着一圈，没有直纹。将尖楔插入，用力捶打，否则两端就会断裂。有纵纹的木料不宜使用。中原江北地区合抱木很少，取四根木拼起来成榨，用铁箍包紧，再用横栓串起使其中空，装进榨油原料。因此散木也有完木的功用。

原文

　　凡开榨空中，其量随木大小，大者受一石有余，小者受五斗不足。凡开榨，间中凿划平槽一条，以宛凿入中，削圆上下，下沿凿一小孔，制一小槽，使油出之时流入承藉器中。其平槽约长三四尺，阔三四寸，视其身而为之，无定式也。实槽尖与枋唯檀木、柞子木两者宜为之，他木无望焉。其尖过斤斧而不过刨，盖欲其涩，不欲其滑，惧报转也。撞木与受撞之尖皆以铁圈裹首，惧披散也。

译文

　　制作榨具时要使木料中空，挖空多少取决于木料大小，大的可装一石多材料，小的则装不到五斗。做榨时还要在中空部分挖一条平槽，用弯凿伸入木料里面，将其上下削圆，下沿再

▲油榨

凿出一个小孔。再挖出凹槽，使油流入承受器中。平槽视木料大小而定，约长三四尺，宽三四寸，无定式。装在槽内的尖楔与枋适宜用檀木、柞木做，其他木料则不行。尖楔用刀斧削好不需要重新刨过，保持粗糙以免滑动。撞木和尖楔都要用铁圈包裹住头部，防止木料散开。

榨具已整理，则取诸麻、菜子入釜，文火慢炒（凡柏、桐之类属树木生者，皆不炒而碾蒸），透出香气，然后碾碎受蒸。凡炒诸麻、菜子，宜铸平底锅，深止六寸者，投子仁于内，翻拌最勤。若釜底太深，翻拌疏慢，则火候交伤，减丧油质。炒锅亦斜安灶上，与蒸锅大异。凡碾埋槽土内（木为者以铁片掩之），其上以木杆衔铁陀，两人对举而推之。资本广者则砌石为牛碾，一牛之力可敌十人。亦有不受碾而受磨者，则棉子之类是也。既碾而筛，择粗者再碾，细者则入釜甑受蒸，蒸气腾足取出，以稻秸与麦秸包裹如饼形。其饼外圈箍，或用铁打成，或破篾绞刺而成，与榨中则寸相稳合。

榨具做好之后，须将麻籽或菜籽放入锅里，文火慢炒（凡柏、桐之类长在树上的则直接碾碎后蒸），等到冒出香气时，碾碎再蒸。在翻炒这些麻籽、菜籽时，最好用铸造的、深六寸左右的平底锅。将籽仁放进锅里，不停地翻炒。如果因为锅底太深而翻炒不及时，那么火候掌握不好，会损伤油质。与蒸锅不同，炒锅须斜安在灶上。碾槽埋在土里（木制的则用铁片包起），上方用木杆穿起圆铁饼，两人面对面推碾。富裕的人则用石料做成碾再用牛拉，一头牛的力气相当于十个人的。如棉籽之类，则不用碾而用磨。碾后用筛

▶炼油

子筛除粗的再碾，细的则放进锅里蒸，蒸透后取出，用稻秸、麦秸包成饼状。饼外箍上铁箍或竹篾，饼箍尺寸须和中间空槽的大小相吻合。

凡油原因气取，有生于无，出甑之时，包裹怠缓，则水火郁蒸之气游走，为此损油。能者疾倾、疾裹而疾箍之，得油之多，诀由于此。榨工有自少至老而不知者。包裹既定，装入榨中，随其量满，挥撞挤轧，而流泉出焉矣。包内油出泽存，名曰枯饼。凡胡麻、莱菔，芸苔诸饼皆重新碾碎、筛去秸芒，再蒸、再裹而再榨之，初次得油二分，二次得油一分。若柏、桐诸物，则一榨已尽流出，不必再也。

油料中的油是由气提取而成的，源自气出蒸锅之时。若包裹得慢了，使气逸走，油便损失了。操作娴熟的人，倒、裹、箍的动作很快，这便是得油较多的诀窍。有的榨工一直没能领悟这个道理。包裹完毕，装入榨具中，根据其量大小而装满榨槽，然后碾压，油便如泉水般流出。剩下的油渣滓，名为枯饼。芝麻、萝卜籽、油菜籽等的枯饼都可再次碾压，筛去秸芒后继续蒸、裹、榨。第二次榨出的油大约是第一次的一半。柏、桐等榨一次就没有油了，不必再次压榨。

若水煮法，则并用两釜。将蓖麻、苏麻子碾碎入一釜中，注水滚煎，其上浮沫即油。以杓掠取，倾于干釜内，其下慢火熬干水气，油即成矣。然得油之数毕竟减杀。北磨麻油法，以粗麻布袋捩绞，其法再详。

如用水煮法，则须两口锅并用。将蓖麻、苏麻籽碾碎后放入一口锅中，煮沸后上层浮着的沫便是油。用杓将浮沫取出，倒入另一口锅里，以文火将其熬干水汽，便成油了。然而只能得到很少的油。北方用石磨提取芝麻油，将磨过的油料放入麻袋里扭绞，这种方法日后还要详细考察。

皮油

原文

　　凡皮油造烛，法起广信郡。其法取洁净柏子，囫囵入釜甑蒸，蒸后倾于臼内受春。其臼深约尺五寸，碓以石为身，不用铁嘴。石取深山结而腻者，轻重斫成限四十斤，上嵌衡木之上而春之。其皮膜上油尽脱骨而纷落，挖起，筛于盘内再蒸，包裹、入榨皆同前法。皮油已落尽，其骨为黑子。用冷腻小石磨不惧火煅者（此磨亦从信郡深山觅取），以红火矢围壅锻热，将黑子逐把灌入疾磨。磨破之时，风扇去其黑壳，则其内完全白仁，与梧桐子无异。将此碾、蒸，包裹、入榨，与前法同。榨出水油清亮无比，贮小盏之中，独根心草燃至天明，盖诸清油所不及者。入食馔即不伤人，恐有忌者，宁不用耳。

译文

　　用柏皮油制造蜡烛的方法起源于广信（如今的江西上饶）。方法是将干净的柏子整个放入蒸锅里蒸。然后在臼里面捣。臼约一尺五寸深，碓身是石制的，不用铁嘴。石料取深山中细滑而且有质地的为最佳，斫成后重量四十斤左右，上部嵌在横木上方便可春捣了。表皮里面的油脂层都脱离了柏实，将其捡起，在盘里筛过之后再蒸。包裹、入榨，都和前面的方法一样。表皮油脂层脱落后，其内核为黑子。用耐火的湿冷润滑的小石磨（作磨的石料也是在广信的深山中找到的），周围生好炭火，将黑子一把一把投入石磨中迅速磨破。在磨破的刹那，用风扇去黑子的外壳，则剩下的就都是里面的白仁了，像梧桐籽一样。将白仁碾碎后放入锅里蒸，包裹、入榨都和前面的方法一样。榨出的油是清亮的水油。将油灌进小灯盏中，只需要一棵灯心草就能燃烧到天亮，这是其他各种清油所不及的。此油食用也不伤人，但也有人不肯食用。

其皮油造烛，截苦竹筒两破，水中煮涨（不然则粘滞），小篾箍勒定，用鹰嘴铁杓挽油灌入，即成一枝。插心于内，顷刻冻结，捋箍开筒而取之。或削棍为模，裁纸一方，卷于其上

▲碓捣柏子制油

而成纸筒，灌入亦成一烛。此烛任置风尘中，再经寒暑，不敝坏也。

　　用皮油制造蜡烛的方法，是将苦竹筒竖过来，剖成两半，在水中煮，煮到膨胀为止（不然会粘带皮油），用小片竹篾箍箍紧，用鹰嘴铁杓将油灌进竹筒，将烛心插进去，一根蜡烛就制作成功了。蜡烛很快凝结，将箍取下，打开竹筒取出蜡烛。也可将木棍削成蜡烛模型，取来一张纸卷在木棍上成纸筒，往里面添加皮油，这样也能制成蜡烛。这种蜡烛历经风尘、寒暑，都不会变坏。

乃服

宋子曰：人为万物之灵，五官百体，赅而存焉。贵者垂衣裳，煌煌山龙，以治天下。贱者裋褐枲裳，冬以御寒，夏以蔽体，以自别于禽兽。是故其质则造物之所具也。

原文

　　宋子曰：人为万物之灵，五官百体，赅而存焉。贵者垂衣裳，煌煌山龙，以治天下。贱者裋褐枲裳，冬以御寒，夏以蔽体，以自别于禽兽。是故其质则造物之所具也。属草本者为枲、麻、苘、葛，属禽兽与昆虫者为裘、褐、丝、绵，各载其半，而裳服充焉矣。

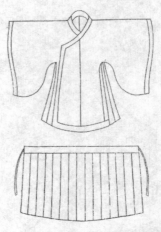

▲古代服装

译文

　　宋子说：人是所有物种里最具有灵气的，各种器官都很齐备。身份高贵的人穿着绣有大山、翔龙等图案的华丽衣裳是为了统治天下。身份低贱的人穿着粗布麻衣是为了在冬天抵御寒冷，夏天遮蔽身体，将自己和禽兽区分开。这些衣服的材料是自然原有的。其中属于植物类的有棉、大麻、苘麻和葛，属于禽兽和昆虫类的有皮、毛、丝、绵，这两种类型的材料只要拥有一半，就足够制作衣服了。

原文

　　天孙机抒，传巧人间。从本质而现花，因绣濯而得锦。乃杼轴遍天下，而得见花机之巧者，能几人哉？治乱经纶字义，学者童而习之，而终身不见其形象，岂非缺憾也！先列饲蚕之法，以知丝源之所自。盖人物相丽，贵贱有章，天实为之矣。

仙女织布的技巧，如今已普及人间。从原料纺织到纺织带有花纹的织物，再通过染色、刺绣等手段，得到锦缎。虽然织布机已经很普及，但真正见过提花机纺织技巧的又有多少人呢？"治乱经纶"的词义与纺织相关，读书人自小就听说过、学习过，然而却终生不见其形象，真的是遗憾之极！我们先从养蚕的方法开始说起，以使读者知道丝究竟由何而来。人配衣服马配鞍，人的贵贱可从衣物上区分出来，这确实是事实。

蚕种

蚕种：凡蛹变蚕蛾，旬日破茧而出，雌雄均等。雌者伏而不动，雄者两翅飞扑，遇雌即交。交一日半日方解，解脱之后，雄者中枯而死，雌者即时生卵。承藉卵生者，或纸或布，随方所用（嘉湖用桑皮厚纸，来年尚可再用）。一蛾计生卵二百余粒，自然粘于纸上，粒粒匀铺，天然无一堆积。蚕主收贮，以待来年。

译文

蚕卵：蚕蛹变蚕蛾，再到破茧而出需要十天，雌蛾和雄蛾数量相等。雌蛾喜静不喜动，雄蛾则扑翅飞动遇到雌蛾就交配。交配须耗费一日或半日才会完成，之后雄蛾会枯竭而死，雌蛾则立即产卵。接受蚕卵的材料可以用纸，也可以用布，因地而宜（嘉兴、湖州一带用厚桑皮纸，第二年可继续利用）。一只雌蛾产卵二百多粒，卵会自然地粘在纸上，均匀铺开，不会堆在一起。养蚕的人收集起蚕卵，以备来年之用。

▶养蚕

原文

蚕浴：凡蚕用浴法，唯嘉、湖两郡。湖多用天露、石灰，嘉多用盐卤水。每蚕纸一张，用盐仓走出卤水二升，参水浸于盂内，纸浮其面（石灰仿此）。逢腊月十二即浸浴，至二十四日，计十二日周即漉起，用微火炡干，从此珍重箱匣中，半点风湿不受，直待清明抱产。其天露浴者，时日相同。以篾盘盛纸，摊开屋上，四隅小石镇压，任从霜雪、风雨、雷电，满十二日方收，珍重、待时如前法。盖低种经浴则自死不出，不费叶故，且得丝亦多也。晚种不用浴。

浴种：嘉兴、湖州两地用浴洗的方法处理蚕卵。湖州多用天然露水、石灰浴洗蚕卵，嘉兴则多用盐卤水浴洗。每张粘有蚕卵的纸，用两升由盐仓流出的盐卤水倒入盆中，让纸浮在水面上（此种方法同样适用于石灰浴）。浴洗自腊月十二日到二十四日为止，共十二天，届时捞起蚕纸滴干水，用小火烘干，然后放在盒里贮藏起来，

▶蚕浴

不能受潮，一直等到清明时孵化。用天然露水浴洗蚕卵，时间大体和上文所述相同。用竹盘盛好蚕纸，摊开放在屋顶上晾着，四角压上小石头，期间任凭风霜雨雪都不要管，持续十二天之后收起。保存方式、时间与前述方法相同。劣种经过此种浴洗方法之后会自然死亡而被淘汰掉，这样处理不会浪费桑叶，收茧得丝也很多。二化性蚕种无需浴洗。

种忌：凡蚕纸用竹木四条为方架，高悬透风避日梁枋之上，其下忌桐油、烟煤、火气。冬月忌雪映，一映即空。遇大雪下时，即忙收贮，明日雪过，依然悬挂，直待腊月浴藏。

译文

蚕卵禁忌：使用四条竹棍制成方架，将蚕纸高悬于通风背光的房梁上，其下部忌桐油、烟煤和火气，冬天忌雪光映照，否则蚕种就会成为空卵壳。大雪时要赶快收起，待到雪停，再次悬挂上去，一直等到腊月浴种后收藏。

原文

种类：凡蚕有早、晚二种。晚种每年先早种五六日出（川中者不同），结茧亦在先，其茧较轻三分之一。若早蚕结茧时，彼已出蛾生卵，以便再养矣（晚蛹戒不宜食）。凡三样浴种，皆谨视原记。如一错误，或将天露者投盐浴，则尽空不出矣。凡茧色唯黄、白二种。川、陕、晋、豫有黄无白，嘉、湖有白无黄。若将白雄配黄雌，则其嗣变成褐茧。黄丝以猪胰漂洗，亦成白色，但终不可染漂白、桃红二色。

译文

蚕的种类：有早蚕、晚蚕两种。每年晚蚕比早蚕先孵出五六天（四川的蚕则不同），在早蚕之前结茧，但茧的重量比早蚕茧轻三分之一。当早蚕结茧时，晚蚕已经产卵，以供再次养殖了（晚蚕的蚕蛹无法食用）。用上面所述的三种方法浴洗蚕种，都要留心先前的标记，如果出错的话，比如将已用天露水浴洗过的蚕种再行盐浴，那么蚕种就不会出蚕了。蚕茧有黄、白两色，四川、陕西、山西、河南地区只有黄茧没有白茧，嘉兴、湖州有白茧没有黄茧。将白茧雄蛾和黄茧雌蛾交配，就会结出褐色茧。黄色的丝用猪胰漂洗会变成白色，但无法染成青白色和桃红色。

凡茧形亦有数种，晚茧结成亚腰葫芦样，天露茧尖长如榧子形，又或圆扁如核桃形。又一种不忌泥涂叶者，名为贱蚕，得丝偏多。凡蚕形亦有纯白、虎斑、纯黑、花纹数种，吐丝则同。今寒家有将早雄配晚雌者，幻出嘉种，一异也。野蚕自为茧，出青州沂水等地，树老即自生。其丝为衣，能御雨及垢污。其蛾出即能飞，不传种纸上。他处亦有，但稀少耳。

蚕茧也有好多形状：晚蚕结成葫芦形状的茧，天然露水浴洗过的蚕结成又尖又长、榧子形状的茧，或者核桃形的茧。还有一种不怕吃沾泥桑叶的蚕，叫"贱蚕"，这种蚕得丝反而多。蚕的皮色也分纯白、虎斑、纯黑、花纹等，吐丝都一样。贫穷的养蚕农家有将一化性雄蛾与二化性雌蛾交配的，此法能培育出新蚕种，这是令人惊奇的事。柞蚕无须饲养，可自行结茧，此种蚕产于青州、沂水等地，树叶枯老即自生蛾。用柞蚕的丝制作衣物，可防雨而且耐脏。柞蚕的蛾破茧就可以飞，不在纸上产卵。别的地方虽也有这种柞蚕的，但是不多。

结茧

原文

　　凡结茧必如嘉、湖，方尽其法。他国不知用火烘，听蚕结出，甚至从秆之内、箱匣之中，火不经，风不透。故所为屯、漳等绢，豫、蜀等绸，皆易朽烂。若嘉、湖产丝成衣，即入水浣濯百余度，其质尚存。其法析竹编箔，其下横架料木约六尺高，地下摆列炭火（炭忌爆炸），方圆去四五尺即列火一盆。初上山时，火分两略轻少，引他成绪，蚕恋火意，即时造茧，不复缘走。

译文

　　结蚕茧时必须采用嘉兴、湖州的方法，效果才能达到最好。别的地方不采用火烘的办法，任凭蚕自行结茧。甚至，茧结到了秆把上或箱匣里，既不火烘，也不通风。因此，屯溪、漳州一带用这种蚕丝织成的绢，河南、四川一带用这种蚕丝制作而成的绸，全部都极易腐烂。若是用嘉兴、湖州所产的蚕丝制作衣物，即便冼百次以上，丝质还是完好的。嘉兴、湖州一带所采用的方法，是用劈好的竹子编成竹席状的蚕箔，用木头架起来，距离地面高度约六尺，地上放着炭火（切忌炭火爆炸），在前后左右每隔四五尺放一个火盆。蚕初上山时，使火的温度低一点，引蚕吐丝，因为蚕喜欢温暖，便马上吐丝作茧，不再游走。

茧绪既成，即每盆加火半斤，吐出丝来随即干燥，所以经久不坏也。其茧室不宜楼板遮盖，下欲火而上欲风凉也。凡火顶上者不以为种，取种宁用火偏者。其箔上山，用麦稻稿斩齐，随手纠掠成山，顿插箔上。做山之人最宜手健。箔竹稀疏，用短稿略铺洒，防蚕跌坠地下与火中也。

结成蚕茧后，往每个盆内加半斤炭，吐出的丝便可干燥，就能经久不坏。茧室不能用楼板遮盖，因为结茧时下面需用火烤上面要通风。火盆顶上的茧不可用来作蚕种，要用远离火盆的蚕种。蚕箔上的山簇，要用切齐的稻麦秆随手拧成，直插在蚕箔上。作山簇的人臂力要很大。箔竹稀疏时，可用短竹条填补，防止蚕掉到地上和火中。

取茧、择茧

取茧：凡茧造三日，则下箔而取之。其壳外浮丝，一名丝匡者，湖郡老妇贱价买去（每斤百文），用铜钱坠打成线，织成湖绸。去浮之后，其茧必用大盘摊开架上，以听治丝、扩绵。若用厨箱掩盖，则湿郁而丝绪断绝矣。

　　取茧：结茧三天后，取下蚕箔取出蚕茧。蚕茧外表的浮丝叫"丝匡"（茧衣），被湖州老妇低价买走（每斤百文），用铜钱坠作纺锤将其打成线，再织成湖绸。将去掉浮丝后的茧用大盘摊开放在架子上，以待制丝、扩棉。如用橱柜、箱子装蚕茧，会使其受潮形成断丝。

▶湖州老妇买茧衣

　　择茧：凡取丝必用圆正独蚕茧，则绪不乱。若双茧并四五蚕共为茧，择去取绵用。或以为丝，则粗甚。

　　择茧：缫丝要用端正的独头茧，蚕丝就不会乱。如果有两个或四五个蚕共结的茧，要单独挑选出来用做丝绵。用这类茧缫丝，丝会很粗。

造棉

原文

凡双茧并缫丝锅底零余，并出种茧壳，皆绪断乱不可为丝，用以取绵。用稻灰水煮过（不宜石灰）。倾入清水盆内。手大指去甲净尽，指头顶开四个，四四数足，用拳顶开又四四十六拳数，然后上小竹弓。此《庄子》所谓"洴澼絖"也。

译文

双官茧和缫丝时滞留在锅底的碎丝断茧、种茧壳，都是断丝、乱丝，无法缫丝，但是可以造丝绵。用稻草灰水煮（不宜用石灰）后，倒入清水盆里。用修剪干净的指甲顶开四个蚕茧，连续套在剩下的手指上，四个手指每个各套四个蚕茧，用拳将蚕茧顶开，每次可顶开十六个蚕茧，接着用竹弓敲打。这就是《庄子》里所说的"洴澼絖"吧。

原文

湖绵独白净清化者，总缘手法之妙。上弓之时，唯取快捷，带水扩开，若稍缓水流去，则结块不尽解，而色不纯白矣。其治丝余者，名锅底绵，装绵衣、衾内以御重寒，谓之挟纩。凡取绵人工，难于取丝八倍，竟日只得四两余。用此绵坠打线织湖绸者，价颇重。以绵线登花机者，名曰花绵，价尤重。

湖州的丝绵异常洁白、干净，得力于造绵的手法巧妙。上弓操作，手法敏捷很重要，带水将丝绵打开，如果稍微慢一点，水就会流走，丝绵会结成块，也不再是纯白色的了。缫丝之后剩下的，叫"锅底绵"，把锅底绵装入绵衣、棉被中用来御寒，称为"挟纩"。造丝绵所费的人工要比缫丝多八倍，干一天每人至多得四两多丝绵。使用此种丝绵坠打成线织成"湖绸"，卖价会很高。用绵线在提花机上可织出"花绵"，卖价更高。

治丝

凡治丝先制丝车。锅煎极沸汤，丝粗细视投茧多寡。穷日之力，一人可取三十两。若包头丝则只取二十两，以其苗长也。凡绫罗丝，一起投茧二十枚，包头丝只投十余枚。凡茧滚沸时，以竹签拨动水面，丝绪自见。提绪入手，引入竹针眼，先绕星丁头（以竹棍做成，如香筒样），然后由送丝竿勾挂，以登大关车。

在缫丝之前要先制造缫车。缫丝时将锅里的水煮沸，往锅里放茧，丝的粗细要依据茧的多少而定。一人干一天，可缫丝三十两。如果缫出来的丝是用来作包头巾的，则只能得到二十两，因为这种丝又细又长。缫绫罗用的丝，一次往锅内放二十个茧，包头巾则只需投十多个就行。当锅内的茧翻滚煮沸时，用竹签撩拨锅中的沸水，茧丝会浮上来。拿起茧丝穿入竹针眼，先绕过星丁头（竹棍制成的香筒状的部件），将茧丝挂在进丝竿上，再接到"大关车"（脚踏转动的绕丝部件）上。

治丝

原文

断绝之时，寻绪丢上，不必绕接。其丝排匀不堆积者，全在送丝竿与磨木之上。川蜀丝车，制稍异，其法架横锅上，引四五绪而上，两人对寻锅中绪，然终不若湖制之尽善也。凡供治丝薪，取极燥无烟湿者，则宝色不损。丝美之法有六字：一曰"出口干"，即结茧时用炭火烘；一曰"出水干"，则治丝登车时，用炭火四五两，盆盛，去车关五寸许，运转如风时，转转火意照干，是曰"出水干"也（若晴光又风色，则不用火）。

茧丝断开时，将丝绪断裂的一头放上去，不必绕接。要使丝均匀摊开而不堆在一起，全靠送丝竿和磨木（带送丝竿的摇柄）的作用。四川缫车的形制则有些许不同，方法是把缫车横架在锅上，两人对面而立，分别寻找锅中的丝绪，一次牵出四五根丝上缫车，但是这种方法不如湖州缫车的方法好。缫丝用的柴火要干燥透气，这样才能保持丝的色泽。

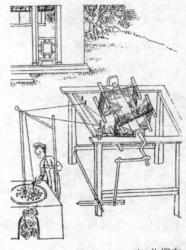

▲北缫车

缫出精美丝质的办法有六个字，一是"出口干"，即在结茧时用炭火烘干；另一个是"出水干"，即在缫丝上车时，用盆装四五两炭火，放在距离大关车约五寸的地方，当关车快速转动对，绪丝则随火温一边旋转一边烘干，这就是"出水干"（如果天气晴朗而且有风，就不用火烘）。

彰施

宋子曰：霄汉之间，云霞异色，阎浮之内，花叶殊形。天垂象而圣人则之，以五彩彰施于五色，有虞氏岂无所用其心哉？

原文

宋子曰：霄汉之间，云霞异色，阎浮之内，花叶殊形。天垂象而圣人则之，以五彩彰施于五色，有虞氏岂无所用其心哉？飞禽众而凤则丹，走兽盈而麟则碧。夫林林青衣望阙而拜黄朱也，其义亦犹是矣。老子曰："甘受和，白受采。"世间丝、麻、裘、褐皆具素质，而使殊颜异色得以尚焉。谓造物而不劳心者，吾不信也。

译文

宋子说：云霄和天河之间，有颜色各异的云霞；人世之间，有形态各异的花叶。圣人看到上天营造出这种色彩缤纷的景象便去效法，他们用五种染料将衣服染成青、黄、赤、白、黑五种颜色，虞舜这样做难道是没有用心的吗？众多的飞禽中只有凤凰是红色的，遍野的走兽里只有麒麟是青色的。林林总总的人穿着黑色衣服，望向皇宫朝拜穿着黄中带红颜色衣服的官员，也是同样的道理。老子说："甜味可以调和多种味道，白色的东西可以染成各种颜色。"世间的丝、麻、裘、褐都是白色的，皆因能够染上其他的颜色而受到珍重。如果说这不是造物者尽心费力地去安排的，我不相信。

诸色质料

大红色。其质红花饼一味，用乌梅水煎出，又用碱水澄数次。或稻稿灰代碱，功用亦同。澄得多次，色则鲜甚。染房讨便宜者先染芦木打脚。凡红花最忌沉、麝，袍服与衣香共收，旬月之间，其色即毁。凡红花染帛之后，若欲退转，但浸湿所染帛，以碱水、稻灰水滴上数十点，其红一毫收转，仍还原质。所收之水藏于绿豆粉内，放出染红，半滴不耗。染家以为秘诀，不以告人。

大红色。染大红色的染料只有红花饼一种，红花饼用乌梅水进行煎煮，再用碱水进行数次澄清。用稻稿灰代替碱水，效果是一样的。反复多次澄清，颜色便十分鲜艳。那些贪图便宜的染房，会先用栌木水染色打底，然后才用红花水染色。红花最忌讳沉香、麝香，如果将红色的衣服和这两种熏香一同放置，一个月内颜色便会褪掉。凡是用红花染过色的帛，如果想要再退回本色，只要将其浸湿，撒上数十滴碱水、稻灰水，红色便会全部褪掉，还原本色。用不完的红花水可以收藏在绿豆粉中，以后再拿出来染色，这样便一点都不损失。染房把这件事情当做秘密，不告诉别人。

天青色入靛缸浅染，苏木水盖。葡萄青色入靛缸深染，苏木水深盖。蛋青色黄蘗水染，然后入靛缸。翠蓝、天蓝二色俱靛水分深浅。玄色靛水染深青，芦木、杨梅皮等分煎水盖。又一法，将蓝芽叶水浸，然后下青矾、棓子同浸，令布帛易朽。月白、草白二色俱靛水微染，今法用苋蓝煎水，半生半熟染。象牙色芦木煎水薄染，或用黄土。耦褐色苏木水薄染，入莲子壳、青矾水薄盖。附：染包头青色此黑不出蓝靛，用栗壳或莲子壳煎煮一日，漉起，然后入铁砂、皂矾锅内，再煮一宵即成深黑色。

译文

染天青色需要先将布放入靛缸中浅染，再用苏木水盖染。染葡萄青色要将布放入靛缸中深染，然后用苏木水盖染。染蛋青色要将布放入黄蘗水中进行染色，然后再放入靛缸中染色。染翠蓝或天蓝这两种颜色，都是用靛水来染色，只是分深浅而已。染黑色的话，要将布放入靛水中染至深青，然后用芦木、杨梅皮等分开煎煮后进行盖染。染黑色还有一种方法，即将蓝芽叶子浸泡在水中，然后放入青矾、棓子一同浸泡，不过这样染出的布容易朽烂。月白色和草白色都是用靛水微微染色，现如今的方法是用苋蓝煎水，在苋蓝水煮到半生半熟的时候再将布放下去染色。象牙色要用芦木煎水轻染，或者用黄土来染色。

染色

藕褐色要用苏木水轻染，然后放入莲子壳、青矾水薄薄地盖染。
附：要是染包头巾用的那一种黑色的话，不用蓝靛来染，把栗壳或莲子壳煎煮一日，滤出，然后在锅里放入铁砂、皂矾煮一夜便可以成深黑色。

蓝淀

　　凡蓝五种，皆可为淀。茶蓝即菘蓝，插根活；蓼蓝、马蓝、吴蓝等皆撒子生。近又出蓼蓝小叶者，俗名苋蓝，种更佳。

译文

植物里总共有五种蓝色，全都能够作为蓝淀。茶蓝也是菘蓝，插根之后便可以成活。但是蓼蓝、马蓝、吴蓝等，则必须要播种才可以生长。近期又有了一种小叶蓼蓝，通常被称为苋蓝，这个品种更为优秀。

 原文

凡种茶蓝法，冬月割获，将叶片片削下，入窖造淀。其身斩去上下，近根留数寸。薰干，埋藏土内。春月烧净山土使极肥松，然后用锥锄，（其锄勾末向身长八寸许。）刺土打斜眼，

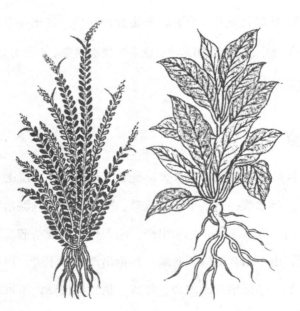

▶福州马蓝、江陵府吴蓝

天工开物

一〇九

插入于内，自然活根生叶。其余蓝，皆收子撒种畦圃中。暮春生苗，六月采实，七月刈身造淀。

种植茶蓝（菘蓝）的方法为，于立冬之月（农历十月）收获，将茶蓝的叶片逐一地摘掉，放进窖中制作蓝淀。将剩余的茶蓝茎秆的上下部分全都切除，只留下数寸长的靠近根部的地方，晒干之后埋进地里。等到第二年春天的时候，把山中的杂草烧光，使土壤变得沃腴、松散，之后使用锥锄（这种锄的勾头是向内侧弯曲的，锄长为八寸）刨土，打出斜洞，把茶蓝的茎段插进去，根部便会继续发育，长出新的叶片。其他各类蓝全都是用子作为中，播撒到田地中。晚春时便会发芽，六月可以收子，七月就能够割蓝造淀。

凡造淀，叶者茎多者入窖，少者入桶与缸。水浸七日，其汁自来。每水浆一石，下石灰五升，搅冲数十下，淀信即结。水性定时，淀沉于底。近来出产，闽人种山，皆茶蓝，其数倍于诸蓝。山中结箬篓输入舟航。其掠出浮抹晒干者，曰靛花。凡蓝入缸，必用稻灰水先和，每日手执竹棍搅动，不可计数，其最佳者曰标缸。

制造蓝淀的时候，如果有很多的叶和茎，就放进窖中，如果少便放进桶或者缸中。用水泡七天，就会有蓝液浸出。每一石蓝液都放进五升石灰，搅拌几十下，蓝淀就能够迅速地结成。静置之后，便会沉淀到底部。最

近出产的蓝淀，大部分都是由福建人在山里种植的茶蓝为原料制作的，产量比其他的各类蓝的总和要多出很多倍。他们在山中把茶蓝装进竹篓，再通过船只运到外地售卖。制作蓝淀的时候，将漂浮在上边的浮沫收集起来晒干，就成了靛花。放入缸中的蓝淀，必须先与稻灰水进行混合，每日都手拿竹棍不停地翻搅，质量最优的就叫做标缸。

红花

 原文

　　红花场圃撒子种，二月初下种，若太早种者，苗高尺许即生虫，如黑蚁，食根立毙。凡种地肥者，苗高二三尺。每路打橛，缚绳横拦，以备狂风拗折。若瘦地，尺五以下者，不必为之。

 译文

　　红花是需要在田园里播种种植的，二月初时播种。要是太早种植，等到苗长到一尺高的时候，便会有如同黑蚂蚁一般的虫子啃食根部，使得苗死去。如果种植红花的土壤肥腴，苗的高度就能达到二三尺。这时就需要在每行打桩，然后绑上绳索把苗拦住，这样做是为了防止大风将苗吹断。要是土壤不够肥腴，苗的高度不超过一尺五寸，那么就不需要这样做了。

▲红花

原文

红花入夏即放绽，花下作棣汇多刺，花出棣上。采花者必侵晨带露摘取。若日高露旰，其花即已结闭成实，不可采矣。其朝阴雨无露，放花较少，旰摘无妨，以无日色故也。红花逐日放绽，经月乃尽。入药用者不必制饼。若入染家用者，必以法成饼然后用，则黄汁净尽，而真红乃现也。其子煎压出油，或以银箔贴扇面，用此油一刷，火上照干，立成金色。

译文

刚入夏的时候，红花就会开放，花的下方有多刺的球状花苞。采集花朵的人必须于凌晨还带有露水的时候采摘，如果等到太阳升高，露水蒸发之后，花朵便会闭合无法采摘了。如果清晨时有雨，没有露水，就会只有少量的花开放，稍晚一些去采摘也没有关系，因为这种情况下不会有阳光照耀。红花是逐渐开放的，全部开尽需要一个月的时间。如果将红花当做药材使用，就不需要做成饼。如果是用于染房里，就一定要遵照一定的方法做成饼才可以使用。做成饼之后，其中的黄液就会被完全去除，真正的红色才会显现出来。红花子煎煮之后会有油榨出，将其刷到贴着银箔的扇子上，再用火烘烤，就会立刻变成金色。

原文

造红花饼法。带露摘红花，捣熟，以水淘，布袋绞去黄汁。又捣以酸粟或米泔清。又淘，又绞袋去汁，以青蒿覆一宿，捏成薄饼，阴干收贮。染家得法，我朱孔扬，所谓猩红也。（染纸吉礼用，亦必用制饼，不然全无色。）

译文

　　造红花饼法，把采摘下的带有露水的红花捣碎，放进布袋里用水洗涤，将黄色的液体拧去。之后取出再捣一次，再放进布袋里使用有酸味的淘米水洗涤，将汁水拧掉。把青蒿覆盖在上方，过一晚后，捏成薄饼状，等到晾干就可以收起来了。如果染法适宜，就会显现出鲜红色，也就是猩红色。（贺贴使用的大红纸张，就必须使用红花饼染，否则就不会出现大红色。）

五金

宋子曰：人有十等，自王公至于舆台，缺一焉，而人纪不立矣。大地生五金，以利天下与后世，其义亦犹是也。

　　宋子曰：人有十等，自王公至于舆台，缺一焉，而人纪不立矣。大地生五金，以利天下与后世，其义亦犹是也。贵者千里一生，促亦五六百里而生。贱者舟车稍艰之国，其土必广生焉。黄金美者，其值去黑铁一万六千倍。然使釜、鬵、斤斧不呈效于日用之间，即得黄金，值高而无民耳。贸迁有无，货居《周官》泉府，万物司命系焉。其分别美恶而指点重轻，孰开其先，而使相须于不朽焉？

译文

　　宋子说：人分成十个等级，自王公到舆台，缺了其中的一级，等级制度便不能建立。大地出产五金，用来惠泽天下和后人，也是这样的道理。贵重的金属一千里才有一处有出产，就是近的也要五六百里才有一处出产。低贱的金属即使是在舟车难通的地区，也到处都有出产。上等黄金的价值是黑铁的一万六千倍。但是要是没有铁锅、蒸锅、斧子等金属器物用于生活之中，那么就算得到了黄金，它价值再高也对人们没有益处。在货物买卖、互通有无的过程中，货币占据着《周礼·地官》

里所说的泉府那样的地位，万物的命脉都系在它的身上。是谁最先开始区分金属的美恶轻重，从而使金属成为永恒不朽的必须物品呢？

黄金

凡黄金为五金之长，熔化成形之后，住世永无变更。白银入洪炉虽无折耗，但火候足时，鼓鞲而金花闪烁，一现即没，再鼓则沉而不现。唯黄金则竭力鼓鞲，一扇一花，愈烈愈现，其质所以贵也。

黄金被认为是五金之首，主要原因在于熔化成形后，其属性永远不会发生改变。而白银在冶炼熔化的过程中虽然没有损耗，但火候足时，用鼓风囊扇风会出现闪烁的金属火花，但那只不过是昙花一现，因为再次鼓风时，那些金属火花往往会消失不见。只有黄金即使在极力鼓风时，也会每鼓一次金属火花就闪现一次，火势越猛烈闪现的金属火花越多，也正因为如此，黄金才会显得更加珍贵。

原文

　　凡中国产金之区大约百余处，难以枚举。山石中所出，大者名马蹄金，中者名橄榄金、带胯金，小者名瓜子金。水沙中所出，大者名狗头金，小者名麸麦金、糠金。平地掘井得者名面沙金，大者名豆粒金。皆待先淘洗后冶炼而成颗块。

▲ 鼓风炼金

译文

　　在中国，盛产黄金的地区大大小小约有百余处，往往难以一一列举。通常，从山石中炼出的黄金，形质较大的被称做马蹄金，形质中等的被称做橄榄金、带胯金，至于形质较小的则被称做瓜子金。而从水沙中所淘出的黄金，大的被称做狗头金，小的则叫麸麦金、糠金。至于从平地掘井而得到的黄金则叫面沙金，其中形质较大的也被称做豆粒金。无论从何处所得的黄金，都需要先经过淘洗然后进行冶炼，最后才形成颗粒状或块状的黄金。

原文

　　金多出西南，取者穴山至十余丈见伴金石，即可见金。其石褐色，一头如火烧黑状。水金多者出云南金沙江（古名丽水），此水源出吐蕃，绕流丽江府，至于北胜州，回环五百余里，出金者有数截。又川北潼州等州与湖广沅陵、溆浦等，皆于江沙水中淘沃取金。千百中间有获狗头金一块者，名曰金母，其余皆麸麦形。入冶煎炼，初出色浅黄，再炼而后转赤也。儋、崖有金田，金杂沙土之中，不必深求而得，取太频则不复产，经年淘炼，若有则限。然岭南夷獠洞穴中，金初出，如黑铁落，深挖数丈得之黑焦石下。初得时咬之柔软，夫匠有吞窃腹中者，亦不伤人。河南蔡、巩等州邑，江西乐平、新建等邑，皆平地掘深井取细沙淘炼成，但酬答人功，所获亦无几耳。大抵赤县之内，隔千里而一生。《岭表录》云："居民有从鹅鸭屎中淘出片屑者，或日得一两，或空无所获。"此恐妄记也。

　　黄金多出产于中国西南地区。采黄金的人在山上掘挖至十余丈深见到伴金石时，便算是发现了黄金。这种伴金石通常呈褐色，一侧如炭火烧黑的样貌。而水金则多出产于云南的金沙江（古代也称丽水），这一水系的源头在吐蕃（西藏），绕云南丽江府而流，最后到达北胜州（今云南永胜），绵延曲折五百余里，途中有几处为产金之地。此外，四川北部的潼州（今梓潼）及湖南的沅陵、溆浦等地，都可以在江水沙砾中淘取黄金。而且在千百沙金中，有时也会淘得一块狗头金，这往往被称为金母，其余那些小的沙金都状似麸麦。将这些淘得的沙金入炉冶炼，初次炼取时呈浅黄色，然后需再次炼取直至转变成赤红色。海南的儋、崖两地也有产金之地，且黄金多夹杂于沙土之中，不需要太深的挖掘即可获得，但沙金淘取得太过频繁则不易恢复蕴藏，如果多年不断淘取冶炼，即使有再多的沙金也是有限的。然而西南一些少数民族的洞穴中也蕴藏黄金，其刚被开采出来时像铁粉般发黑，再深挖数丈在黑焦石下面往往可获取黄金。这里所得的黄金刚出土时咬起来是柔软的，于是有的工匠就将黄金偷偷吞入腹中，也不会对人有伤害。河南上蔡、巩县和江西乐平、新建等地，则在平地上挖深井，并将所得之细沙淘洗冶炼以获取黄金。但仅酬谢工匠的费用就很多，所以获利很少。总而言之，中国境内大概每隔千里便会有一处产金之地。《岭表录异》记载说："居民有从鹅鸭的粪便中淘取出黄金屑片之类，有时可日得一两，有时却一无所获。"但这也许只是个荒诞的说法吧。

 原文

凡金质至重。每铜方寸重一两者，银照依其则（方）寸增重三钱。银方寸重一两者，金照依其则（方）寸增重二钱。凡金性又柔，可屈折如枝柳。其高下色分七青、八黄、九紫、十赤。登试金石（此石广信郡河中甚多，大者如斗，小者如拳，入鹅汤中一煮，光黑如漆）上，立见分明。凡足色金参和伪售者，唯银可入，余物无望焉。欲去银存金，则将其金打成薄片剪碎，每块以土泥裹涂，入坩埚中硼砂熔化，其银即吸入土内，让金流出以成足色。然后入铅少许，另入坩埚内，勾出土内银，亦毫厘具在也。

译文

　　金质地厚重。一寸见方的钢要是重一两，同样尺寸的银便要多重三钱；一寸见方的银要是重一两，那这个尺寸的金便要多重二钱。金的性质很柔软，可以像柳枝一样弯曲。不同品质的金颜色不同，可以分为七成金青色、八成金黄色、九成金紫色、十成金红色。将金子放在试金石（这种石头在广信郡河中非常多，大的像斗，小的像拳头，在鹅汤中煮一下，便呈漆黑色）上，立刻就能分出成色。凡是在足金中掺假伪造销售的，只能是加入银，其他的东西没有办法加入。如果想将银剔除只保留下金子，那么就将金子打成薄片剪碎，每块用泥土裹上，放到坩埚中用硼砂熔化，这样其中的银便会被吸入泥土中，流出来的金子就是足色的。然后再将少许的铅放入坩埚里，将泥土中的银勾出，这样就一点也不会损失。

原文

　　凡色至于金，为人间华美贵重，故人工成箔而后施之。凡金箔每金七厘造方寸金一千片，粘铺物面，可盖纵横三尺。凡造金箔，既成薄片后，包入乌金纸内，竭力挥椎（打金椎，短柄，约重八斤）打成。凡乌金纸由苏、杭造成，其纸用东海巨竹膜为质。用豆油点灯，闭塞周围，只留针孔通气，熏染烟光，而成此纸。每纸一张打金箔五十度。然后弃去，为药铺包朱用，尚未破损，盖人巧造成异物也。

金的颜色，代表了人间的华美贵重，所以人们将金打成金箔之后用来做装饰。每七厘黄金可以打造出一千片一寸见方的金箔，粘在器物的表面，横竖三尺都可以覆盖。凡是制造金箔，是在金子被打成薄片之后，包进乌金纸之中，全力挥锤（打金箔的锤子，短把，重量约为八斤）捶打而成。乌金纸都是苏杭地区制造的，这种纸采用东海巨竹的竹膜作为原料。点上豆油灯，将灯的四周封闭起来，只留下针孔大的气眼用来通气，用灯烟熏染竹膜，就可制成乌金纸。一张乌金纸可以打金箔五十下。乌金纸用过之后便废弃了，拿去给药铺包朱砂，这时候纸张还没有破损，可以说这种纸是凭借人的技巧所造出来的奇异之物啊。

　　凡纸内打成箔后，先用硝熟猫皮绷急为小方板，又铺线香灰撒墁皮上，取出乌金纸内箔，覆于其上，钝刀界面成方寸。口中屏息，手执轻杖，唾湿而挑起，夹于小纸之中。以之华物，先以熟漆布地，然后粘贴（贴字者多用楮树浆）。

　　在乌金纸内将金子打成金箔之后，先用芒硝鞣制过的猫皮绷成一个小方板，再在皮面上撒上香灰，从乌金纸内将金箔取出，放在皮面上，用钝刀在上面画界成一寸的方格。此时，操作的人要屏住呼吸，手拿轻杖，用唾液沾湿金箔从而将它挑起，夹放在小纸之中。使用金箔装饰器物时，要先用熟漆在器物上铺底，然后再将金箔粘在上面（贴字的时候，大多采用楮树浆）。

凡假借金色者，杭扇以银箔为质，红花子油刷盖，向火熏成。广南货物，以蝉蜕壳调水描画，向火一微炙而就。非真金色也。其金成器物，呈分浅淡者，以黄矾涂染，炭火炸炙，即成赤宝色。然风尘逐渐淡去，见火又即还原耳。

让器物成为金色的方法：杭州的扇子以银箔为材质，刷盖红花子油，用火熏制而成；广南的货物，是用蝉蜕壳调水进行描画，对着火微微炙烤而成。这些都不是真金的色彩。金做的器物，因金成色不够而颜色浅的，以黄矾涂染，在炭火上炙烤，便可以成为金红色。然而时间一长，颜色便会逐渐淡去，被火一烤又会还原本来的颜色。

银

品读经典

原文

　　凡银中国所出：浙江、福建旧有坑场，国初或采或闭。江西饶、信、瑞三郡有坑从未开。湖广则出辰州，贵州则出铜仁，河南则宜阳赵保山、永宁秋树坡、卢氏高嘴儿、嵩县马槽山，与四川会川密勒山，甘肃大黄山等，皆称美矿。其他难以枚举。然生气有限，每逢开采，数不足则括派以赔偿。法不严，则窃争而酿乱，故禁戒不得不苟。燕、齐诸道，则地气寒而石骨薄，不产金银。然合八省所生，不敌云南之半，故开矿煎银，唯滇中可永行也。

译文

　　中国产银的地方有以下几处：浙江、福建曾经的银矿，在国家（明朝）初年的时候，有的被开采有的被关闭；江西的饶、信、瑞三郡有银矿但从来没有开采过；湖广地区是辰州有矿；贵州地区是铜仁有矿；河南地区是宜阳的赵保山、永宁的秋树坡、卢氏的高嘴儿、嵩县的马槽山，这些地区和四川会川的密勒山，甘肃的大黄山等地都是好矿区。其他的矿区难以一一列举。然而万物生育之气有限，每到了开采银矿的时候，采矿产量不足时连税款都不够交付；法律不严，盗矿引起的争夺酿出了祸患，因此禁令便也越来越严苛。燕、齐地区的各省，地气寒冷矿层又薄，所以不出产金银。然而就算以上八个省市所产的银都加一起，也比不过云南的一半，所以开矿炼银，只有在云南才能持续地进行下去。

▲开采银矿

　　凡云南银矿：楚雄、永昌、大理为最盛，曲靖、姚安次之，镇沅又次之。凡石山洞中有铆砂，其上现磊然小石，微带褐色者，分丫成径路。采者穴土十丈或二十丈，工程不可日月计。寻见土内银苗，然后得礁砂所在。凡礁砂藏深土，如枝分派别，各人随苗分径横挖而寻之。上楂横板架顶，以防崩压。采工篝灯逐径施，得矿方止。凡土内银苗，或有黄色碎石，或土隙石缝有乱丝形状，此即去矿不远矣。

　　云南的银矿以楚雄、永昌、大理最为兴盛，曲靖、姚安下一等，镇沅又下一等。凡是石洞中有铆砂，铆砂上有一些堆积起来的微带褐色的小石块的，矿脉都呈枝杈状。采矿的人挖土十丈或二十丈，这个工程不能用日月来计算。寻找到土中的银矿苗后，便能够得知礁砂的位置。礁砂埋藏在深土之中，呈树枝状分布，

天工开物

一二五

各人分头沿着矿脉横向挖掘寻找。矿道的上方要架横板支撑矿顶，防止矿洞崩塌。采矿人点着灯沿着矿脉挖掘，直到发现银矿为止。土内的矿脉如果有黄色的碎石，或者有乱丝形状的东西在土石缝内，那么这里离银矿就不远了。

凡成银者曰礁，至碎者曰砂，其面分丫若枝形者曰铆，其外包环石块曰矿。矿石大者如斗，小者如拳，为弃置无用物。其礁砂形如煤炭，底衬石而不甚黑。其高下有数等（商民凿穴得砂，先呈官府验辨，然后定税）。出土以斗量，付与冶工，高者六、七两一斗，中者三、四两，最下一、二两（其礁砂放光甚者，精华泄漏，得银偏少）。

可以炼出银的石头称做礁，细碎的礁称做砂，表面分叉像是树枝形状的礁称做铆，包在礁外面的石块称做矿。矿石有大如斗的，有小如拳的，都是抛弃不用的东西。礁砂形状像煤炭一样，底部衬有石头颜色不是很黑。礁砂的品质高下有很多的等级（商民凿穴挖出来的礁砂要先呈给官府去检验和辨别，之后官府会给它定税）。挖出的礁砂按斗来计算，交给冶炼工人冶炼，高等级的礁砂一斗能炼出六七两银，中等的礁砂一斗能炼出三四两银，最下等的礁砂一斗只能炼出一二两银（礁砂特别光亮的，属于精华泄露，炼出的银偏少）。

凡礁砂入炉，先行拣净淘洗。其炉土筑巨墩，高五尺许，底铺瓷屑、炭灰。每炉受礁砂二石。用栗木炭二百斤周遭丛架。靠炉砌砖墙一朵，高阔皆丈余。风箱安置墙背，合两三人力带拽透管通风。用墙以抵炎热，鼓鞴之人方克安身。炭尽之时，以长铁叉添入。风火力到，礁砂熔化成团。此时银隐铅中，尚未出脱，计礁砂二石熔出团约重百斤。冷定取出，另入分金炉（一名虾蟆炉）内，用松木炭匝围，透一门以辨火色。其炉或施风箱，或使交箑。火热功到，铅沉下为底子（其底已成陀僧样，别入炉炼，又成扁担铅）。频以柳枝从门隙入内燃照，铅气净尽，则世宝凝然成象矣。此初出银，亦名生银。倾定无丝纹，即再经一火，当中止现一点圆星，滇人名曰茶经。逮后入铜少许，重以铅力熔化。然后入槽成丝（丝必倾槽而现，以四围匡住，宝气不横溢走散）。其楚雄所出又异，彼礁砂铅气甚少，向诸郡购铅佐炼。每礁百斤，先坐铅二百斤于炉内，然后煽炼成团。其再入虾蟆炉沉铅结银，则同法也。此世宝所生，更无别出。方书、本草，无端妄想妄注，可厌之甚。

　　礁砂在入炼炉之前要先挑拣干净，进行淘洗。由土筑成的炼银炉子，土墩有五尺高，炉子的底部用瓷屑、煤炭铺垫，每一炉可以装入二石礁砂。熔炼时，要用两百斤栗木炭架在炉子周围。在炉子边上砌一堵高和宽约一丈多的砖墙。墙的背面放置一个风箱，两三个人合力拉拽风箱通风换气。这堵墙可以帮助鼓风的人抵挡炉火的炎热，让他们安身。炭烧尽的时候，用长铁叉往炉子里补炭。风和火力量都很足的时候，礁砂便会熔化成团。这个时候，银还隐藏在铅里面，没有脱离开，二石的礁砂经过熔化大约重有百斤。熔化后的礁砂在冷却之后取出，另外放入分金炉（又名做虾蟆炉）中，炉外围架起松木炭，只留出一个小门用来观察火候。分金炉可以用风箱，也可以用团扇来通风。火的温度达到了，铅就会下沉成为底子（这种底子已经变成陀僧的样子，取出来另放入熔炉冶炼，会再成为扁担铅）。频频地用柳枝从炉门的缝隙中放入炉内燃烧照亮，等到铅去除干净，纯银便炼出来了。这第一次炼出来的银，也叫做生银。生银倒出来之后如果没有丝纹，便要再入一回火，这个时候在银中可以看到一点圆星，云南人管这个叫茶经。之后，向其中放入少量的铜，重新借用铅的力量将它熔化。这之后，再倒入槽中，银便成为丝状（丝只有倒入槽中才能显现出来，因为槽的四壁将它框住，它的银气便不会四散掉）。楚雄所产的银又不一样，那里的礁砂含铅的成分很低，需要从别的地方购买铅来帮助熔炼。

▲沉铅结银图

每一百斤礁砂，要先放入二百斤铅在炉内护底，然后再将它煽炼成团。之后，将它放入分金炉里沉铅聚银，方法与上述方法一样。这就是冶炼纯银的方法，再没有其他的方法了。方士书、草药书毫无根据地胡乱猜想，妄下定论，实在是可恶。

原文

大抵坤元精气，出金之所，三百里无银。出银之所，三百里无金。造物之情，亦大可见。其贱役扫刷泥尖，入水漂淘而煎者，名曰淘厘锱。一日功劳，轻者可获三分，重者倍之。其银俱日用剪、斧口中委余，或鞋底粘带布于衢市；或院宇扫屑弃于河沿。其中必有焉，非浅浮土面能生此物也。

译文

土地中所蕴藏的精气有限，出产金的地方，三百里之内不出产银；出产银的地方，三百里之内不出产金。大自然造物的情形，由此大概也就可以看出来了。仆役将泥扫刷起来，在水中漂淘之后冶炼出来的银，名字叫做淘厘锱。辛劳一天，收获少的能得三分，收获多的便可加倍。这些银子都是日常用的剪刀、斧子口掉落的渣滓，或者是鞋底从闹市上粘带回来的，或者是抛弃在河沿的院内尘屑。这些东西里面必然有银质，但是并不表示浅层浮土里面能生银。

凡银为世用，唯红铜与铅两物可杂入成伪。然当其合琐碎而成板锭，去疵伪而造精纯。高炉火中，坩锅足练，撒硝少许，而铜、铅尽滞锅底，名曰银锈。其灰池中敲落者，名曰炉底。将锈与底同入分金炉内，填火土甑之中，其铅先化，就低溢流，而铜与粘带余银，用铁条逼就分拨，井然不紊。人工、天工亦见一斑。

凡是世上所使用的银，只有红铜和铅可以掺杂进去进行伪造。然而当碎银被熔合起来做成板锭的时候，可以将杂物去除制成纯银。使银精纯的方法是将银放入高温炉火之中，让其在坩埚里充分熔炼，再向其中撒入少量的硝，铜和铅便会沉到锅底，称为银锈。从灰池中敲落的，被称为炉底。将银锈和炉底一同放入分金炉中，并在土灶里填上柴火，这样里面的铅会率先熔化，向低处溢流，而铜还粘在一些银上，用铁条将它们拨开，使其不相粘连就好。由此可见人工和天然力量的区别。

▲分金炉清锈底

铜

原文

凡铜供世用，出山与出炉，止有赤铜。以炉甘石或倭铅参和，转色为黄铜。以砒霜等药制炼为白铜。矾、硝等药制炼为青铜。广锡参和为响铜。倭铅和写为铸铜。初质则一味红铜而已。

译文

世上所使用的铜，不管是山中产的，还是炉中冶炼出来的，都只有红铜。红铜与炉甘石或锌掺在一起熔炼，便可以变色成为黄铜；与砒霜等药一同在炉中炼制便可以变成白铜；与矾、硝等药一同在炉中炼制便可以变成青铜；加入广锡一同炼制可变成响铜；加入锌一同炼制可变成铸铜。这些铜最初的原料都只是红铜而已。

原文

凡铜坑所在有之。《山海经》言出铜之山四百六十七，或有所考据也。今中国供用者，西自四川、贵州为最盛。东南间自海舶来，湖广武昌、江西广信皆饶铜穴。其衡、瑞等郡出最下品，曰蒙山铜者，或入冶铸混入，不堪升炼成坚质也。

到处都有铜矿。《山海经》中说出产铜矿的山有四百六十七座，这大概是有所考据的。今天中国西部的四川、贵州产铜最多；东南地区的铜多来自海外引进；湖广武昌、江西广信也都拥有众多的铜矿。衡州、瑞州等地出产的铜为最下品，称为蒙山铜，这种铜可以在冶铸的时候掺进去，但是不能单独冶炼成硬质铜。

▶穴取铜砂

凡出铜山夹土带石，穴凿数丈得之，仍有矿包其外。矿状如姜石，而有铜星，亦名铜璞，煎炼仍有铜流出，不似银矿之为弃物。凡铜砂在矿内形状不一，或大或小，或光或暗，或如输石，或如姜铁，淘洗去土滓，然后入妒煎炼，其熏蒸旁溢者为自然铜，亦曰石髓铅。

凡是有铜出产的山都是夹土带石的，深挖数丈便能够得到包有脉石的铜。脉石的外形像姜，有铜星，也叫铜璞，冶炼之后还会有铜流出来，不像是银的脉石那样是废弃物。铜砂在矿里的形状都不一样，有的大有的小，有的发光有的暗淡，有的像镉石，有的像姜铁，把它们外面的土滓淘洗干净之后，便可以放入炉中冶炼，熔炼后从炉子旁边流出来的就是自然铜，也叫做石髓铅。

凡铜质有数种：有全体皆铜，不夹铅、银者，洪炉单炼而成。有与铅同体者、其煎炼炉法，旁通高、低二孔，铅质先化从上孔流出，铜质后化从下孔流出。东夷铜又有托体银矿内者。入炉煎炼时，银结于面，铜沉于下。商舶漂入中国，名曰日本铜，其形为方长板条。漳郡人得之，有以炉再炼，取出零银，然后写成薄饼，如川铜一样货卖者。

铜的质地有很多种：有的全部是铜，不夹杂铅、银，在熔炼中单独炼制便可。与铅长在一起的铜的炼制方法是在熔炉上开高、低两个孔，这样先熔化的铅便从上面的孔里流出，后熔化的铜就从下面的孔中流出。日本的铜有寄生在银矿之内的。这种铜进行熔炼的时候，银会凝结在表面，铜则沉在下面。这种铜经由商船进入中国之后，被叫做日本铜，它的形状为方形长条。漳郡人拿这种铜回炉重炼，将零星的银取出之后，便把剩下的铜制成薄饼状，像川铜一样进行售卖。

凡红铜升黄色为锤锻用者，用自风煤炭（此煤碎如粉，泥糊作饼，不用鼓风，通红则自昼达夜。江西则产袁郡及新喻邑）百斤，灼于炉内，以泥瓦罐载铜十斤，继入炉甘石六斤，坐于炉内，自然熔化。后人因炉甘石烟洪飞损，改用倭铅。每红铜六斤，入倭铅四斤，先后入罐熔化。冷定取出，即成黄铜，唯人打造。

把红铜炼成用来锤锻的黄铜，需要使用自风煤炭（这种煤炭碎如粉末，用泥糊作饼，不用鼓风，从白天到黑夜都烧得通红。江西的袁郡和新喻邑有产）一百斤，烧于炉内，将装着十斤铜和六斤炉甘石的泥瓦罐放入炉内，自然就会熔化。因为炉甘石放入炉中之后会生烟飞散，有所损耗，所以后人便用锌代替炉甘石。每次以红铜六斤、锌四斤先后放入罐中熔化。冷却之后，取出的便是黄铜，想打造成什么都可以。

凡用铜造响器，用出山广锡无铅气者入内。钲（今名锣）、镯（今名铜鼓）之类，皆红铜，八斤入广锡二斤。铙、钹，铜与锡更加精练。凡铸器，低者红铜、倭铅均平分两，甚至铅六铜四，高者名三火黄铜、四火熟铜，则铜七而铅三也。

译文

凡是用铜制造乐器，要放入两广出产的不含铅的锡一同熔炼。制造钲（今名锣）、镯（今名铜鼓）一类的乐器，都是在八斤红铜中加入两斤广锡；制造铙、钹时，铜和锡则都要更加精炼。凡是制造铜器，所用原料中低等的红铜和锌各占一半，甚至可以六成铅四成铜，高质量的铜器则需用三火黄铜、四火熟铜，其中含七成铜、三成铅。

原文

凡造低伪银者，唯本色红铜可入。一受倭铅、砒、矾等气，则永不和合。然铜入银内，使白质顿成红色，洪炉再鼓，则清浊浮沉立分，至于净尽云。

译文

凡是低质伪劣的银，只能用纯粹的红铜来制作。银被锌、砒、矾等化的气体熏过便不能和它们再融合。然而将铜加入到银里面，银就会由白色变成红色，放入熔炉中再次鼓风，铜和银的清浊、浮沉便立刻可以分出，直到彻底分离开来。

铁

品
读
经
典

凡铁场所在有之，其质浅浮土面，不生深穴。繁生平阳岗埠，不生峻岭高山。质有土锭、碎砂数种。凡土锭铁，土面浮出黑块，形似秤锤，遥望宛然如铁，捻之则碎土。若起冶煎炼，浮者拾之，又乘雨湿之后牛耕起土，拾其数寸土内者。耕垦之后，其块逐日生长，愈用不穷。西北甘肃、东南泉郡，皆锭铁之薮也。燕京、遵化与山西平阳，则皆砂铁之薮也。凡砂铁，一抛土膜即现其形。取来淘洗，入炉煎炼，熔化之后与锭铁无二也。

到处都有铁矿，铁矿一般埋藏在浅层土质中，而不在深穴之中；在平坦向阳的山冈上有铁矿，崇山峻岭中则没有。铁矿的矿质有土锭、碎砂等数种。凡是土锭铁，都是浮在土面上的黑块，形状像秤砣，远看就像是铁块，但是用手一捻就会变成碎土。如果打算冶炼这种土锭，要将浮在地面上的那些土锭拾起，借着雨后土地的湿润用牛耕起表层的浅土，再将数寸之内的土拾起。耕垦过土地之后，土锭会逐日生长，永不枯竭。西北的甘肃和东南的泉郡，都是土锭聚集的地方。燕京、遵化和山西的平阳，则是砂铁聚集的地方。只要是砂铁，一刨开土表就能够发现。将它挖掘出来进行淘洗，再放入炼炉中冶炼，熔化之后便和锭铁没有什么分别了。

凡铁分生、熟，出炉未炒则生，既炒则熟。生熟相和，炼成则钢。凡铁炉用盐做造，和泥砌成。其炉多傍山穴为之，或用巨木匡围。塑造盐泥，穷月之力不容造次。盐泥有罅，尽弃全功。凡铁一炉载土二千余斤，或用硬木柴，或用煤炭，或用木炭。南北各从利便。扇炉风箱必用四人、六人带拽。土化成铁之后，从炉腰孔流出。炉孔先用泥塞。每旦昼六时，一时出铁一陀。既出即又泥塞，鼓风再熔。

铁有生铁和熟铁之分，从炼炉出来而没有经过炒制的是生铁，炒过的便是熟铁。将生铁和熟铁混合，熔炼出来的就是钢。炼铁的炉子用盐和着泥堆砌而成。炼铁炉多依傍着山穴而建，或者用巨大的木头框围而成。用盐和着泥建造炼炉，需要一个月的时间，不可赶时间不顾质量。建造的时候，如果盐泥出现了裂缝，那么前面的工作就全白做了。炼铁一炉需要放入两千余斤的铁矿土，燃料可以用硬木柴，可以用煤炭，也可以用木炭。南北方可以根据当地的情况采用方便的燃料。向炉内扇风的风箱需要四个人或者六个人来拉拽。矿土炼成铁水之后，从炉子的腰孔向外流出。炉孔先前要用泥塞住。每天的白昼有六个时辰，每一个时辰便出铁一陀。出铁后，要再将炉孔堵住，鼓动风箱再次熔炼。

　　凡造生铁为冶铸用者，就此流成长条、圆块，范内取用。若造熟铁，则生铁流出时相连数尺内低下数寸筑一方塘，短墙抵之。其铁流入塘内。数人执持柳木棍排立墙上，先以污潮泥晒干，春筛细罗如面，一人疾手撒搋，众人柳棍疾搅，即时炒成熟铁。其柳棍每炒一次，烧折二三寸，再用则又更之。炒过

▲炼熟铁

稍冷时，或有就塘内斩划成方块者，或有提出挥椎打圆后货者。若浏阳诸冶，不知出此也。

　　炼制冶铸所需的生铁，要让铁水流到长形或圆形的模子里，然后再从模子里拿出来用。要是炼造熟铁，就要在距离生铁水流出处几尺之外低几寸的地方筑造一个方形的塘子，再修砌起

一堵矮墙，让铁水流入这个塘子里。多人手持柳木棍在矮墙上站成一排，把事先晒干的污泥捣碎，并用筛子筛出那些细面。一个人快速地将泥面撒入铁水里，其他的人用柳木棍疾速搅动，生铁马上就被炒成熟铁。柳木棍每炒铁一次，便会烧折两三寸，下次再要使用的时候就要更换新的。炒过之后在铁稍微冷却的时候，便可以就地在塘内将铁块割划成方块，或者拿出来捶打，打圆之后贩卖。浏阳地区的各种冶铁场还不知道这种方法。

凡钢铁炼法，用熟铁打成薄片如指头阔，长寸半许，以铁片束包夹紧，生铁安置其土（广南生铁名堕子生铁者，妙甚），又用破草履（粘带泥土者，故不速化）盖其上，泥涂其底下。洪炉鼓鞴，火力到时生铁先化，渗淋熟铁之中，两情投合。取出加锤，再炼再锤，不一而足。俗名团钢，亦曰灌钢者是也。

钢铁的炼制方法是将熟铁捶打成手指一般宽的薄片，大约一寸半长。用熟铁片扎紧，把生铁放置在扎紧的熟铁片之上（广南有一种生铁叫堕子生铁，非常好用），再用破草鞋（使用粘有泥土的破草鞋，不会很快烧毁）覆盖在它的上面，把泥涂抹在铁片下面。弄好之后，把铁片放入炼炉开始鼓风，火力够了的时候生铁会先熔化，淋到熟铁里面，这样生铁和熟铁就会融合到一起了。融合后的铁块从炉中取出来进行捶打，然后再熔炼，再捶打，不是一次就可以做成的。这种方法造出来的钢铁，俗名叫团钢，也有叫灌钢的。

原文

　　其倭夷刀剑，有百炼精纯。置日光檐下则满室辉曜者，不用生、熟相合炼，又名此钢为下乘云。夷人又有以地溲（地溲乃石脑油之类，不产中国）淬刀剑者，云钢可切玉。亦未之见也。凡铁内有硬处不可打者，名铁核，以香油涂之即散。凡产铁之阴，其阳出慈石，第有数处不尽然也。

译文

　　日本国的刀剑，用的是百炼精纯的钢。将这种钢放在有日光的屋檐下，折射出的光芒会闪耀整个房间。这种钢不是用生铁和熟铁混合炼成的，也有种说法认为这种钢是下等品。外国人有用地溲（地溲是石脑油一类的东

西，中国没有出产）淬炼刀剑的，听说这样炼成的剑可以将玉切开。这种事情我没有见过。铁的内部有一块没有办法捶打的硬处，称做铁核，用香油涂在硬处便可将其化解掉。凡是山的阴面出产铁矿，那么山的阳面便会出产磁石，不过也不是所有地方都是这样。

锡

原文

凡锡，中国偏出西南郡邑，东北寡生。古书名锡为"贺"者，以临贺郡产锡最盛而得名也。今衣被天下者，独广西南丹、河池二州居其十八，衡、永则次之。大理、楚雄即产锡甚盛，道远难致也。

译文

锡多分布在中国的西南地区，东北地区很少。古书中将锡称为"贺"，因为临贺县盛产锡。现在供应全国的，单是广西南丹、河池两个州，就占了近八成产量，衡州、永州次之，云南的大理、楚雄的锡产量虽然也比较多，但路途遥远，难以运输。

原文 ❏

　　凡锡有山锡、水锡两种，山锡中又有锡瓜、锡砂两种。锡瓜块大如小瓠，锡砂如豆粒，皆穴土不甚深而得之。间或土中生脉充牣，致山土自颓，恣人拾取者。水锡衡、永出溪中，广西则出南丹州河内。其质黑色，粉碎如重罗面。南丹河出者，居民旬前从南淘至北，旬后又从北淘至南，愈经淘取，其砂日长，百年不竭。但一日功劳，淘取煎炼，不过一斤。会计炉炭资本，所获不多也。南丹山锡出山之阴，其方无水淘洗，则接连百竹为枧，从山阳枧水淘洗土滓，然后入炉。

译文 ❏

　　锡分为山锡和水锡两种，山锡又有锡瓜、锡砂两种。锡瓜大小和小葫芦差不多，锡砂大小则和豆粒差不多，不用深挖便可得到。有时土中的矿脉丰富，从山土往下掉落，可任人随意捡取。水锡产自衡州和永州的小河里，在广西则产于南丹州境内的河中。水锡呈黑色粉末状，好像用筛子筛过似的。产自南丹河的水锡，当地居民在前十天从南淘到北，后十天又从北淘向南。锡砂越淘越多，永不枯竭。但往往淘一整天后，所能得到的锡不过一斤左右。如果将炼熔所需的炉炭成本计算在内的话，获利并不多。南丹的山锡产于山的背阴处，那一带地区没有水可用来淘洗，人们就用多个竹筒连在一起接成水槽，从山的阳坡引水淘洗，然后入炉熔炼。

原文

　　凡炼煎亦用洪炉。
入砂数百斤，<u>丛</u>架木炭
亦数百斤，鼓鞴熔化。
火力已到，砂不即熔，
用铅少许勾引，方始沛
然流注。或有用人家炒
锡剩灰勾引者，其炉底
炭末、瓷灰铺作平池，
旁安铁管小槽道，熔时
流出炉外低池。其质初
出洁白，然过刚，承锤
即拆裂。入铅制柔，方

充造器用。售者杂铅太多，欲取净则熔化，入醋淬八九度，铅
尽化灰而去。出锡唯此道。方书云马齿苋取草锡者，妄言也。
谓砒为锡苗者，亦妄言也。

译文

　　炼锡时也可以用洪炉。在洪炉内装入几百斤锡砂，下面堆
积几百斤木炭，鼓风熔炼。火力最大时，如果锡砂还没熔化，
就要投入少量铅作为引子，这样锡就能顺畅流出。也有用炼锡
剩下的炉渣作引子的，用炭末和瓷器粉铺成平池，周围装上铁
管作为小槽，这样，锡熔化的时候会流到炉外的低池内。锡刚

出炉时是纯白色的，很脆，一锤便裂。需要混入铅才能使其柔软，然后用来制造器物。卖锡的人常常掺进太多的铅，要想提纯，将锡熔化后放入醋中淬八九次，铅会化成灰除去。炼锡只有这一种方法。炼丹术的相关著作中曾提到，从马齿苋中可提取草锡，这个说法是不正确的。所谓砒是锡矿苗的说法，也是误传。

冶铸

宋子曰：首山之采，肇自轩辕，源流远矣哉！九牧贡金，用襄禹鼎，从此火金功用日异而月新矣。夫金之生也，以土为母。及其成形而效用于世也，母模子肖，亦犹是焉。

原文

宋子曰：首山之采，肇自轩辕，源流远矣哉！九牧贡金，用襄禹鼎，从此火金功用日异而月新矣。夫金之生也，以土为母。及其成形而效用于世也，母模子肖，亦犹是焉。精、粗、巨、细之间，但见钝者司舂，利者司垦，薄其身以媒合水火而百姓繁，虚其腹以振荡空灵而八音起，愿者肖仙梵之身，而尘凡有至象。巧者夺上清之魄，而海寓遍流泉。即屈指唱筹，岂能悉数？要之人力不至于此。

译文

宋子说：从黄帝时代起，在首山采铜铸鼎的活动便开始了。夏禹时代，九州各地方官进贡金属，帮助禹王铸鼎。自那时起，冶炼金属的工艺便慢慢发展起来。金属产生于土，以土为母。当金属铸成器具为人所使用的时候，形状与土制模型很像，还是以土为母。铸件有精粗、大小等方面的不同。用钝的碓头来舂捣，用锋利的犁铧来垦土；薄铁锅可用来盛水、受火，在百姓之中运用甚广；中空的大钟振空气而生八音；信徒模拟佛仙的原型，在尘世间铸造了精美的佛像；精巧的铜镜镜面光滑，堪比日月之光芒，而金属铸币通行四海。凡此种种岂能一言道尽？总之，人力能到的远不及这些。

鼎

原文

　　凡铸鼎，唐、虞以前不可考。唯禹铸九鼎，则因九州贡赋壤则已成，入贡方物岁例已定，疏浚河道已通，《禹贡》业已成书。恐后世人君增赋重敛，后代侯国冒贡奇淫，后日治水之人不由其道，故铸之于鼎。不如书籍之易去，使有所遵守，不可移易，此九鼎所为铸也。

译文

　　铸鼎之事，尧、舜之前已经无法考证。至于夏禹铸九鼎，是因为九州已经制定了纳土地赋税的法则，各地每年进贡的条例也已经制定，河道已疏通，夏禹制订的九州贡法《禹贡》已经落实成文。夏禹担心后世帝王增加赋税，诸侯以奇淫物品冒充贡物进贡，后代的治水之人改弦更张，所以将这一切都铸在鼎

▲鼎

上。刻在鼎上不容易丢失，不像写在书上。这样可使人们世世代代遵循下去。这就是当时铸九鼎的原因。

年代久远，末学寡闻，如玭珠、暨鱼、狐狸、织皮之类，皆其刻画于鼎上者，或漫灭改形亦未可知，陋者遂以为怪物。故《春秋传》有使知神奸、不逢魑魅之说也。此鼎入秦始亡。而春秋时郜大鼎、莒二方鼎，皆其列国自造，即有刻画，必失《禹贡》初旨，此但存名为古物。后世图籍繁多，百倍上古，亦不复铸鼎，特并志之。

译文

历经很多年之后，见识短浅之人，看见刻在鼎上的图案，诸如"蚌珠、美鱼、狐狸、织皮"之类，这些图案或许已经模糊、变形了，不知道的人还以为是怪物。因此《春秋》中才有关于禹鼎象物使老百姓识别神怪、避魑魅的说法。其实这些鼎到秦代（前221—前207）就已经遗失了。而春秋（前770—前477）时期郜国的大鼎、莒国的两个方鼎，都是诸侯国自己制造的，即使鼎上刻有图案，也必定不符合《禹贡》的原意，只不过是作为古物存名而已。后世图书比古代多好几百倍，用不着铸鼎。特意在此记录说明。

钟

凡钟为金乐之首，其声一宣，大者闻十里，小者亦及里之余。故君视朝、官出署必用以集众，而乡饮酒礼，必用以和歌。梵宫仙殿，必用以明摄遏者之诚，幽起鬼神之敬。凡铸钟，高者铜质，下者铁质。今北极朝钟，则纯用响铜，每口共费铜四万七千斤、锡四千斤、金五十两，银一百二十两于内。成器亦重二万斤，身高一丈一尺五寸，双龙蒲牢，高二尺七寸，口径八尺，则今朝钟之制也。

钟为金属乐器之首。钟声一响，远的可传至十里开外，近的也能传到一里多。所以无论皇帝上朝还是官吏到官府，都要敲钟来聚集众人。民间举办宴会，也要使用钟来伴奏。佛寺宫殿也要靠敲钟来打动参拜者的诚心，激起对神仙灵鬼的敬意。铸造上等的钟用铜，劣质的钟用铁。如今宫里的北极阁朝钟用全铜打造，每口钟耗铜四万七千斤、锡四千斤、金五十两、银一百二十两。铸成的钟重量达到二万斤，身高一丈一尺五寸，钟上的双龙蒲牢高二尺七寸，钟的直径为八尺。这就是如今朝钟的大体形制。

原文

　　凡造万钧钟与铸鼎法同。掘坑深丈几尺，燥筑其中如房舍，埏泥作模骨。其模骨用石灰、三和土筑，不使有丝毫隙拆，干燥之后，以牛油、黄蜡附其上数寸。油蜡分两，油居什八，蜡居什二。其上高蔽抵晴雨（夏月不可为，油不冻结）。油蜡墁定，然后雕楼书文、物象，丝发成就。然后春筛绝细土与炭末为泥涂墁，以渐而加厚至数寸。使其内外透体干坚，外施火力炙化其中油蜡，从口上孔隙熔流净尽。则其中空处，即钟鼎托体之区也。

译文

　　铸万斤钟和铸鼎的方法相同。挖一丈多深的坑，保持坑内空气干燥，将坑筑成如房子一样，然后和泥制作内模。内模用石灰、三和土合成，不能有裂缝。干燥之后，涂上数寸厚的牛油、黄蜡。油、蜡配比是牛油占八成，黄蜡占两成。架起高棚遮挡日光和雨（夏天不操作，油不凝结）。待到油蜡涂凝固后，

▶塑钟模图

可在上面雕刻文字图案。将捣碎、筛过的细土与炭粉混合成泥，涂抹在油蜡上，涂数寸厚。等到外模内外彻底干固时，在外面用火将其中的油蜡融化掉，油蜡从铸模下面内外模交合的缝隙中流尽。剩下的内外模的中空部分，就是日后钟鼎成型的地方了。

凡油蜡一斤虚位，填铜十斤。塑油时尽油十斤，则备铜百斤以俟之。中既空净，则议熔铜。凡火钢至万钧，非手足所能驱使。四面筑炉，四面泥作槽道，其道上口承接炉中，下口斜低以就钟鼎入铜孔，槽旁一齐红炭炽围。洪炉熔化时，决开槽梗（先泥土为梗塞住），一齐如水横流，从槽道中枧注而下，钟鼎成矣。凡万钧铁钟与炉、釜，其法皆同。而塑法则由人省啬也。

一斤油蜡流出后空出的部分，可灌十斤铜。用十斤油，便要准备一百斤铜。等到模中的油蜡流光了，就该熔铜。万斤铜的熔炼非单个人力所能为。要在钟模的周围架起熔炉，四周用泥作槽道与熔炉出口相接，槽道一端向下倾斜，以便与钟鼎浇铜口对接。槽道旁边烧上炭火，用来保温。等到炉内的铜熔化时，打开出铜口塞子（先用泥土塞住），铜水沿槽道向下注入模中，钟、鼎便铸造成功了。重达万斤的铁钟、香炉和大锅，其铸造方法皆同此理。只是塑模的方法可因地制宜，适当省略而已。

　　若千斤以内者，则不须如此劳费，但多捏十数锅炉。炉形如箕，铁条作骨，附泥做就。其下先以铁片圈筒，直透作两孔，以受杠穿。其炉垫于土墩之上，各炉一齐鼓鞴熔化。化后以两杠穿炉下，轻者两人、重者数人抬起，倾注模底孔中。甲炉既倾，乙炉疾继之，丙炉又疾继之，其中自然粘合。若相承迁缓，则先入之质欲冻，后者不粘，衅所由生也。

译文

　　至于千斤以下的铸件，就不用这样费事，只要多制作十几个小炉就可以。小炉制成簸箕状，用铁条作支架，灌入泥土。炉下用铁片卷成圆铁管穿透两个孔，用来承接抬杠。将炉建在土墩上，开始鼓风熔铜。铜熔化后，用两杠在炉下穿过，轻者两人、重者数人抬起炉子，将熔液顺着铸模孔往里倾倒。甲炉浇完，乙炉马上接着浇，丙炉又接着，这样模内的金属会自然黏合。如动作慢了，那么先注入的金属很快就会凝结，不容易与后注入的金属很好地黏合上，这样会出现缝隙。

原文

　　凡铁钟模不重恐费油蜡者，先埏土作外模，剖破两边形，或为两截，以子口串合，翻刻书文于其上。内模缩小分寸，空其中体，精算而就。外模刻文后，以牛油滑之，使他日器无粘糊，然后盖上，泥合其缝而受铸焉。巨磬、云板，法皆仿此。

铁钟铸模无需消耗太多牛油和黄蜡，可先以土黏合制成外模，剖成左右两半或上下两截，以子母口使之对接，刻上文字和图案的反体。内模尺寸比外模略小，内外模之间保留一定空隙。外模上的文字图案刻好后，涂抹牛油，使铸钟不与铸模黏连。然后将内外模黏合起来，用泥浆填补缝隙便可浇铸。制作巨磬、云板的方法与此相同。

镜

凡铸镜模用灰沙，铜用锡和（不用倭铅）。《考工记》亦云："金锡相半，谓之鉴、燧之剂"。开面成光，则水银附体而成，非铜有光明如许也。唐开元宫中镜，尽以白银与铜等分铸成，每口值银数两者以此故。砆砂斑点乃金银精华发现（古炉有入金于内者）。我朝宣炉，亦缘某库偶灾，金银杂铜锡化作一团，命以铸炉（真者错现金色）。唐镜、宣炉皆朝廷盛世物也。

　　铸镜的模具是由草木灰及细沙制作成的，镜是由铜和锡制作成的（不用锌）。《考工记》记载："金（铜）、锡各占一半的合金，是制作镜鉴和燧的最佳材料"。镜面有反光，是因镜身附着有水银，并不是铜有光泽。唐代开元年间（717—741）宫里的镜子，都是白银与铜各占一半混合铸成，每面镜子高达数两银子原因就在于此。镜面上有朱砂斑点是因为里面含有金银（古代有加金入炉的）。本朝的宣德炉，也因当时（1426—1435）某库偶然发生火灾，金银、铜锡掺杂熔化在一起下令用以铸炉（宣德炉真品上闪现真金）。唐镜和宣炉都是朝廷盛世时的宝物。

铜镜

锤锻

宋子曰：金木受攻而物象曲成。世无利器，即般、倕安所施其巧哉？五兵之内、六乐之中，微钳锤之奏功也，生杀之机泯然矣！

原文

宋子曰：金木受攻而物象曲成。世无利器，即般、倕安所施其巧哉？五兵之内、六乐之中，微钳锤之奏功也，生杀之机泯然矣！同出洪炉烈火，小大殊形。重千钧者，系巨舰于狂渊，轻一羽者，透绣纹于章服。使冶钟铸鼎之巧，束手而让神功焉。莫邪、干将，双龙飞跃，毋其说亦有征焉者乎？

译文

宋子说：金属和木材经由加工变形成为各种器物。这个世界上，要是没有趁手好用的工具，就是鲁班和倕也没法施展他们的技巧吧？各种兵器和金属乐器，都是用钳子和锤子加工出来的结果，要是没有这两样工具，五兵六乐这些兵器和乐器便没法做成！这些工具都是从熔炉烈火中锻造出来的，只是大小和形态各不相同：重达千钧的，可以在狂风暴雨中将大船系住；轻如鸿毛的，可以在官服上绣出花纹。这种神奇的工艺，可以让铸造钟鼎的巧匠束手臣服。莫邪、干将两柄剑挥舞起来就像是两条龙在飞跃，这种说法应该是有凭据的吧。

冶铁

原文

凡治铁成器，取已炒熟铁为之。先铸铁成砧，以为受锤之地。谚云："万器以钳为祖。"非无稽之说也。

译文

凡是冶炼铁块来铸造器物，都是选用已经炒过的熟铁为原料。先将铸铁做成铁砧，用它来接受捶打。俗话说："万器以钳为祖。"这种说法并不是空穴来风。

原文

凡出炉熟铁名曰毛铁。受锻之时，十耗其三为铁华、铁落。若已成废器未锈烂者，名曰劳铁。改造他器与本器，再经锤锻，十止耗去其一也。

译文

出炉的熟铁都叫做毛铁。锻造毛铁的时候，会有十分之三的毛铁被耗损成为铁华、铁落。已经成废器但是还没有锈烂的毛铁，叫做劳铁。劳铁可以用来改造其他的器物和本器，它被锤锻的时候只会耗损十分之一。

凡炉中炽铁用炭，煤换居十七，木炭居十三。凡山林无煤之处，锻工先择坚硬条木，烧成火墨（俗名火矢，扬烧不闭穴火），其炎更烈于煤。即用煤炭，亦别有铁炭一种，取其火性内攻，焰不虚腾者，与炊炭同形而分类也。

炼铁用的炭料，十分之七是煤，十分之三是木炭。凡是没有煤的山林，锻工会先挑选出坚硬的条木，将它烧成火墨（俗名为火矢，它燃烧的时候不会飞出碎末将风口堵塞），这种东西比煤产生的热量还高。即使大家都使用煤炭，也还有人使用一种铁炭，主要是因为铁炭有火性在内，火焰不虚腾的优点，它和做饭用的炭样子差不多，但是不是同一个种类。

凡铁性逐节粘合，涂上黄泥于接口之上，入火挥槌，泥滓成枵而去，取其神气为媒合。胶结之后，非灼红斧斩，永不可断也。凡熟铁、钢铁已经炉锤，水火未济，其质未坚。乘其出火之时，入清水淬之，名曰健钢、健铁。言乎未健之时，为钢为铁，弱性犹存也。

将需要锻造的铁逐节地黏合，把黄泥涂抹在接口处，在火中烧红后进行捶打，泥滓被打落，留下黄泥的神气来成为接合的媒介。铁器胶结在一起之后，只要没有再被烧红并用斧子斩，就永远不会断。熟铁、钢铁经过火烧锻打之后，水火作用尚未调和，它的质地还不坚实。在熟铁、钢铁刚出炉的时候，将它们放入清水中淬火，淬火之后的钢、铁被称为健钢、健铁。这意在说明钢、铁在成为健钢、健铁之前，还留存有软弱的性质。

原文

凡焊铁之法，西洋诸国别有奇药。中华小焊用白铜末，大焊则竭力挥锤而强合之，历岁之久，终不可坚。故大炮西番有锻成者，中国则惟事冶铸也。

译文

对于焊铁的方法，西洋各国另有奇药。中国工匠进行小焊的时候用白铜末做焊药，进行大焊的时候则使劲挥锤将铁块强行砸在一起，这样时间长了之后，接口便会不牢固。所以，西洋有锻成的大炮，而中国只有铸造出来的大炮。

针

原文

凡针，先锤铁为细条。用铁尺一根，锥成线眼，抽过条铁成线，逐寸剪断为针。先镁其末成颖，用小槌敲扁其本，钢锥穿鼻，复镁其外。然后入釜，慢火炒熬。炒后以土末入松木火矢、豆豉三物，掩盖，下用火蒸。留针二三口插于其外以试火候。其外针入手捻成粉碎，则其下针火候皆足。然后开封，入水健之。凡引线成衣与刺绣者，其质皆刚。唯马尾刺工为冠者，则用柳条软针。分别之妙，在于水火健法云。

　　制作针之前，先用锤子把铁打成细条状。还要准备一根铁尺，在上面钻出一个小孔，把铁条从铁尺小孔中抽出，拉成铁线，然后把铁线剪成一根一根的针。把每一根针的一头锉成针尖，再用小锤将另一头打扁，用钢锥穿出针鼻，并锉光针鼻四周。然后把针放入锅里，用温火慢炒。炒一段时间后，用土面、松木炭粉和豆豉把针盖住，下面用火烧。注意把二三根针留在外面试验火候。等外面的针能用手搓成粉末时，说明下面针的火候就够了。然后移开针上面的盖物，并把它放在水中冷却，冷却以后针就变得坚韧了。缝衣与刺绣用的针，质地都很坚硬。只有福建马尾镇刺工做帽子用的针，是软的。针的软硬差异，就在于火炒、淬火的程度不同。

冶铜

　　凡红铜升黄而后熔化造器，用砒升者为白铜器，工费倍难，侈者事之。凡黄铜原从炉甘石升者，不退火性受锤。从倭铅升者，出炉退火性，以受冷锤。凡响铜入锡参和（法具《五金》卷），成乐器者，必圆成无焊。其余方圆用器，走焊、炙火粘合。用锡末者为小焊，用响铜末者为大焊（碎铜为末，用饭粘和打，入水洗去饭，铜末具存，不然则撒散）。若焊银器，则用红铜末。

译文

　　把红铜冶炼成黄铜，再把它熔化，才能用来制造器物。要是用砒霜冶炼，可制出白铜器，但要花费几倍的工夫和费用，奢侈的人才用此法。原来炉甘石冶炼的黄铜，熔后须趁热锤打。加锌炼成的黄铜，出炉要等冷却后锤打。把锡掺入铜炼成的响

锤钲

铜（方法见《五金》卷），可以用来制作乐器，所需的工件必须完整，不能用不同的部分焊接制成。其他方形、圆形的器物，用锤打或加热的方法黏合。小工具用锡末为焊料，大工具用响铜末为焊料（将铜打碎成粉末状，和米饭黏在一起拍打，再加入水把饭洗去，铜末都留下来。否则铜末就会散失）。如果焊接银器，那就用红铜末。

原文

凡锤乐器，锤钲（俗名锣）不事先铸，熔团即锤。锤镯（俗名铜鼓）与丁宁，则先铸成圆片，然后受锤。凡锤钲、镯，皆铺团于地面。巨者众共挥力，由小阔开，就身起弦声，俱从冷锤点发。其铜鼓中间突起隆泡，而后冷锤开声。声分雌与雄，则在分厘起伏之妙。重数锤者，其声为雄。凡铜经锤之后，色成哑白，受镗复现黄光。经锤折耗，铁损其十者，铜只去其一。气腥而色美，故锤工亦贵重铁工一等云。

译文

锻造乐器时，钲（俗名锣）不必事先铸造好，将铜料熔成一团后直接锤打。但锤镯（俗名铜鼓）与丁宁时，就要先铸成圆片，然后再锤打。锤钲、镯时，要将铜料铺在地面上锤打。大物件要几个人一起锤打，使铜料逐渐散开，等到冷却后再锤打，就能发出音乐声。铜鼓中部锤打出突起的圆泡，冷却后锤定音。声调有高有低，这妙处取决于铁锤起伏用力的大小。用力打数锤后，声调就低些。铜经过锤打以后变成白色，没有光泽，用锉磨了以后就重新变成黄色。锤打铜料过程中铜的损耗，是锤铁损耗量的十分之一。铜略带腥味而色泽美观，所以铜匠收入比铁匠高一些。

陶埏

宋子曰：水火既济而土合。万室之国，日勤千人而不足，民用亦繁矣哉。上栋下室，以避风雨，而瓴建焉。

原文

宋子曰：水火既济而土合。万室之国，日勤千人而不足，民用亦繁矣哉。上栋下室以避风雨，而瓴建焉。王公设险以守其国，而城垣、雉堞，寇来不可上矣。泥瓮坚而醴酒欲清，瓦登洁而醯醢以荐。商周之际，俎豆以木为之，毋亦质重之思耶！后世方土效灵，人工表异，陶成雅器，有素肌玉骨之象焉。掩映几筵，文明可掬。岂终固哉！

译文

宋子说：泥土在水火作用下烧成陶器。拥有万户的国家，就算每天有一千个人努力烧瓷都不能满足需求，可见百姓使用陶器的频繁。上栋下室的房子要在房顶铺上瓦片来遮风避雨。王公们设置防御来守卫国家，用砖修建城墙、矮墙，敌寇便无法攻入。泥瓮坚固，储藏的美酒便清澈，高足杯洁净，便能够用来盛放祭品进行祭祀。商周时祭祀的器皿是木制的，但并不是为了凸显质朴品质！后来，各地的巧匠争相进献奇技巧器，使技术进步，陶器被制成雅器，有了冰肌玉骨的模样。这些陶器有美丽的花纹和光亮的色彩，它们在几案和筵席上交相辉映。可见，这世上的事物不是一成不变的。

瓦

原文

　　凡埏泥造瓦，掘地二尺余，择取无沙粘土而为之。百里之内必产合用土色，供人居室之用。凡民居瓦，形皆四合分片。先以圆桶为模骨，外画四条界。调践熟泥，叠成高长方条。然后用铁线弦弓，线上空三分，以尺限定。向泥不平戛一片，似揭纸而起，周包圆桶之上。待其稍干，脱模而出，自然裂为四片。凡瓦大小苦无定式，大者纵横八九寸，小者缩十之三。室宇合沟中，则必需其最大者，名曰沟瓦，能承受淫雨不溢漏也。

译文

　　揉合黏土制造瓦片，需要深挖土，选择不含沙粒的黏土作为原料。方圆百里之内一定能找到合适的黏土供建房用。民房瓦坯都是四片合一的，之后再分成单片。先以圆桶作骨模，在圆桶外面画出四条等分线。调好黏土，用脚踩成熟泥，堆成高高的长方形。以铁线作弦，铁线上留三分空隙，线长最好一尺左右。用铁线切割黏土墩，切出一片后将其揭开，用此片泥土将圆筒模围绕起来。待其干固时，脱模后便自然裂成四片。瓦的大小并不固定，大的有八九寸，小的则缩小十分之三。房顶的流水沟须用最大的那种沟瓦，能接雨而且不漏。

凡坯既成，干燥之后则堆积窑中，燃薪举火。或一昼夜，或二昼夜，视陶中多少为熄火久暂。浇水转釉，与造砖同法。其垂于檐端者有滴水，下于脊沿者有云瓦，瓦掩覆脊者有抱同，镇脊两头者有鸟兽诸形象。皆人工逐一做成，载于窑内，受水火而成器则一也。

　　等瓦坯干燥之后，在窑中堆积起来，点火烧柴。可烧一至两天，熄火时机视窑中物料多少而定。浇水转釉的方法同造砖一样。滴水瓦即在房檐两端垂下的瓦，云瓦即房脊两边的瓦，抱同瓦是覆盖房脊的瓦，房脊的两端的瓦雕有鸟兽形象。这些瓦都要逐件做成坯，放入窑中用火烧制。

　　若皇家宫殿所用，大异于是。其制为琉璃瓦者，或为板片，或为宛筒，以圆竹与斫木为模，逐片成造。其土必取于太平府（舟运三千里方达京师，参沙之伪，雇役掳舡之扰，害不可极。即承天皇陵亦取于此，无人议正）。造成，先装入琉璃窑内，每柴五千斤烧瓦百片。取出成色，以无名异、棕榈毛等煎汁涂染成绿黛，赭石、松香、蒲草等涂染成黄。再入别窑，减杀薪火，逼成琉璃宝色。外省亲王殿，与仙佛宫观，间亦为之，但色料各有譬合，采取不必尽同。民居则有禁也。

译文

皇家的瓦则大不一样。皇家宫殿瓦是琉璃瓦，形状是板片或者圆筒，用圆竹与加工好的木料作模骨，逐一烧造。从太平府取土（水运三千里到达京城。承运的官吏有掺沙作假的，有强抢民工、民船的，害人至极。修建承天皇陵也用这种土，没有人敢有异议）。瓦坯造成后就可装入琉璃窑里，

▲ 造瓦

烧制一百片瓦需柴禾五千斤。烧完后取出挂色，用无名异、棕榈毛等制作染料，涂成绿色，用赭石、松香、蒲草等制作染料并染成黄色。再装入另外的窑中微火慢烧，烧出琉璃般光亮的色泽。外省亲王殿与佛寺、道观，也有用琉璃瓦的，但色料、制法不大相同。民房则禁用琉璃瓦。

砖

原文

凡埏泥造砖，亦掘地验辨土色，或蓝、或白、或红、或黄（闽广多红泥，蓝者名善泥，江浙居多），皆以粘而不散，粉而不沙者为上。汲水滋土，人逐数牛错趾，踏成稠泥，然后填满木框之中。铁线弓戛平其面，而成坯形。

译文

揉合粘士造砖，要学会挖土辨别土的颜色。黏土有蓝色、白色、红色、黄色等几种颜色（福建、广东多红土，浙江一带蓝色的善泥比较多），都以土质黏而不散、细而不含沙为佳。用水滋润黏土，赶牛将其踩成稠泥，填在木框里，用铁线弓刮平表面，形成泥坯。

原文

凡郡邑城雉、民居垣墙所用者，有眠砖、侧砖两色。眠砖方长条砌，城郭与民人饶富家，不惜工费，直叠而上。民居算计者，则一眠之上施（侧砖）一路，填土砾其中以实之，盖省啬之义也。凡墙砖而外，甃地者名曰方墁砖。榱桷上用以承瓦者曰楻板砖。圆鞠小桥梁与圭门与窑垛墓穴者，曰刀砖，又曰鞠砖。凡刀砖削狭一偏，面相靠挤紧，上砌成圆，车马践压，不能损陷。造方墁砖，泥入方框中，平板盖面，两人足立其上，研转而坚固之，烧成效用。石工磨砎四沿，然后墁地。刀砖之直视墙砖稍溢一分，楻板砖则积十以当墙砖之一，方墁砖则一以敌墙砖之十也。

译文

城墙用砖与民房用砖分为眠砖和侧砖两种。眠砖是长方形的，是砌城墙和富家房屋墙壁用的，不怕费工，一直砌上去。民房则在一排眠砖之上砌一排侧砖，侧砖中间填以土石，能节省不少。用来铺地面的叫方墁砖。楻板砖是屋椽上用以承瓦的砖。刀砖，又叫鞠砖，是砌圆拱形小桥、拱门与墓穴的砖。将其一边削窄，挤紧，砌上一个圆形，这样被车马践踏的时候不致损坏坍陷。造方墁砖时，把泥放入方框里，盖上平板，两人站在上面将泥踩实，入火烧好然后投入使用。由石工将其四边打磨好，铺在地上。墙砖比刀砖便宜，楻砖比墙砖便宜十倍，方墁砖比墙砖贵十倍。

原文

凡砖成坯之后，装入窑中，所装百钧则火力一昼夜，二百钧则倍时而足。凡烧砖有柴薪窑，有煤炭窑。用薪者出火成青黑色，用煤者出火成白色。凡柴薪窑巅上偏侧凿三孔以出烟。火足止薪之候，泥固塞其孔，然后使水转釉。凡火候少一两，则釉色不光。少三两则名"嫩火砖"，本色杂现，他日经霜冒雪则立成解散，仍还土质。火候多一两，则砖面有裂纹。多三两，则砖形缩小拆裂，屈曲不伸，击之如碎铁然，不适于用。巧用者以之埋藏土内为墙脚，则亦有砖之用也。凡观火候，从窑门透视内壁，土受火精，形神摇荡，若金银溶化之极然。陶长辨之。

　　砖坯造完之后，将其装入窑中。装三千斤砖坯要烧一整天，六千斤则要两天。烧砖可以用柴薪窑，也可以用煤炭窑。柴窑烧出的砖是青黑色的，煤窑烧出的砖是白色的。柴窑顶端要凿三个孔走烟。差不多烧好、停止加柴时，就用泥将孔堵住，然后浇水转釉。火候稍微不够，釉色就不光亮。火候少三成则名嫩火砖，会呈现坯土原本的颜色。日后历经风吹雨打后，就又变成泥土。火候多一成，砖的表面就会有裂纹；多三成，砖就会萎缩、破裂，像碎铁一样不能用。善于利用的人会将其埋在土里作墙脚，作用和砖一样。观察火候，要从窑门看到内壁，黏土被火烧会呈现类似金银熔化时那样摇荡的姿态。这要靠陶工师傅来辨别。

　　凡转銹之法，窑颠作一平田样，四围稍弦起，灌水其土。砖瓦百钧用水四十石。水神透入土膜之下，与火意相感而成。水火既济，其质千秋矣。若煤炭窑视柴窑深欲倍之，其上圆鞠渐小，并不封顶。其内以煤造成尺五径阔饼，每煤一层，隔砖一层，苇薪垫地发火。若皇居所用砖，其大者厂在临清，工部分司主之。初名色有副砖、券砖、平身砖、望板砖、斧刃砖、方砖之类，后革去半。运至京师，每漕舫搭四十块，民舟半之。又细料方砖以甃正殿者，则由苏州造解。其琉璃砖，色料已载《瓦》款。取薪台基厂，烧由黑窑云。

　　浇水转锈的方法，是在窑顶开个平面，四边稍高一点，同时在上面浇水。砖瓦三千斤需耗费水四十石。水蒸气透过土窑和窑内火气相互作用，通过这种相互作用制成坚固耐用的砖。煤窑通常比柴窑高二倍，上面的圆拱逐渐缩小，不封顶。窑内存放着煤饼，直径约为一尺五寸，砖和煤一层一层交替存放，下面垫芦苇或柴草，以便点火燃烧。生产皇室用砖的大砖厂在山东临清，工部设有指派机构掌管。最初定下的几种砖的种类有副砖、券砖、平身砖、望板砖、斧刃砖、方砖等，后来减去一半。将这类砖运到北京，需每艘运粮船搭四十块，民船搭二十块。铺正殿的砖是细料方砖，由苏州烧造、往北京运输。至于琉璃砖，其釉料在《瓦》条里有记载。其燃料来自北京台基厂，在黑窑厂烧造。

白瓷

凡白土曰垩土，为陶家精美器用。中国出唯五六处，北则真定定州、平凉华亭、太原平定、开封禹州，南则泉郡德化（土出永定，窑在德化）、徽郡婺源、祁门（他处白土陶范不粘，或以扫壁为墁）。德化窑惟以烧造瓷仙、精巧人物玩器，不适实用。真、开等郡瓷窑所出，色或黄滞，无宝光。合并数郡，不敌江西饶郡产。浙省处州丽水、龙泉两邑，烧造过釉杯碗，青黑如漆，名曰处窑。宋、元时龙泉华琉山下，有章氏造窑，出款贵重，古董行所谓哥窑器者即此。若夫中华四裔，驰名猎取者，皆饶郡浮梁景德镇之产也。

白陶土叫做垩土，是制作精美陶器的原料。中国出产垩土的地方只有五六处，北方的有真定定州、平凉华亭、太原平定、开封禹州，南方有泉郡德化（土来自于永定，但是窑在德化）、徽郡婺源、祁门（其他地方出产的白土制作的陶胚不黏，可以用来刷墙壁）。德化窑只烧造陶瓷的仙女、精巧的人物玩器，没有实用性。真、开等郡县的瓷窑所出产的瓷器，颜色发黄，呆板没有光泽。将以上各个郡县出产的瓷器加在一起，都比不过江西饶郡出产的瓷器。浙江省处州的丽水和龙泉两邑，烧造过釉杯碗，青黑的釉色就像漆一样，它的名字叫做处窑。宋元时期，在龙泉的华琉山下，有个章氏造窑，它所出的瓷器都很贵重，古董行里所说的哥窑器指的就是这个。要说全中国最有名、最被大家追捧的瓷器，就得是饶郡浮梁景德镇所产的瓷器了。

原文

此镇从古及今为烧器地，然不产白土。土出婺源、祁门两山。一名高梁山，出粳米土，其性坚硬。一名开化山，出糯米土，其性粢软。两土和合，瓷器方成。其土作成方块，小舟运至镇。造器者将两土等分入臼春一日，然后入缸水澄。其上浮者为细料，倾跌过一缸。其下沉底者为粗料。细料缸中再取上浮者，倾过为最细料，沉底者为中料。既澄之后，以砖砌方长塘，逼靠火窑，以借火力。倾所澄之泥于中吸干，然后重用清水调和造坯。

译文

景德镇从古到今一直是烧制瓷器的地方，但是景德镇不产白土。白土主要产自于婺源、祁门的两座山。一座山名叫高梁山，出产粳米土，这种土的土性坚硬；另一座山名叫开化山，出产糯米土，这种土的土性比较黏软。这两种土混合之后，才能用来烧制瓷器。瓷土一般做成方块的样子，用小船运送到景德镇。制作瓷器的人将这两种土进行等分，放入臼中春一日之后，再放入水缸中澄清。浮在水面上的用做细料，被倒入另一个缸中。

沉在水底的用做粗料。细料放入另一缸里再次浮于水面上的，倒出来用做最细料，沉底的用做中料。瓷土经过澄清之后，用砖砌一个长方塘，塘靠着火窑而建，以便借助火力。将澄清的泥倒入塘中，借助火力吸干水分，然后再拿出来用清水调和制成坯子。

凡造瓷坯有两种。一曰印器，如方圆不等瓶、瓮、炉、合之类，御器则有瓷屏风、烛台之类。先以黄泥塑成模印，或两破或两截，亦或囫囵，然后埏白泥印成，以釉水涂合其缝，烧出时自圆成无隙。一曰圆器，凡大小亿万杯盘之类，乃生人日用必需，造者居十九，而印器则十一。造此器坯，先制陶车。车竖直木一根，埋三尺入土内，使之安稳。上高二尺许，上下列圆盘，盘沿以短竹棍拨运旋转，盘顶正中用檀木刻成盔头帽其上。

制作瓷器的胚子有两种。一种叫做印器，例如方圆不等的瓶、瓮、炉、盒之类的器物，以及宫中所用的瓷屏风、烛台之类的器物。做印器，要先用黄泥塑成印器模子，模子或者是左右两半的，或者是上下两截的，再或者是一个整体。有了模子之后，用瓷土揉成的白泥放进模子里印成泥坯子，然后用釉水涂合坯子的接缝处，这样烧制出来的瓷器便呈自然圆弧状，没有缝隙。另外一种叫做圆器。那些大小不等、数量众多的杯盘一类的器物，是百姓日常生活中的必需之物，所以在制造的所有瓷器中，有九成是圆器，一成是印器。要造圆器的坯子，就需要先制陶车。陶车上竖一根直木，这根直木有三尺要埋入地下，这样才能使陶车用起来安稳。直木在地上的部分有二尺左右高，上下都装有圆盘，盘沿随着短竹棍的拨动

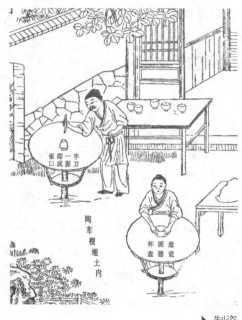

▲制瓷

而旋转，圆盘的顶端正中放有一个檀木刻成的头帽。

凡造杯盘无有定形模式，以两手棒泥盔帽之上，旋盘使转，拇指剪去甲，按定泥底，就大指薄旋而上，即成一杯碗之形（初学者任从作废，破坯取泥再造）。功多业熟，即千万如出一范。凡盔帽上造小坯者，不必加泥，造中盘、大碗则增泥大其帽，使干燥而后受功。凡手指旋成坯后，覆转用盔帽一印，微晒留滋润，又一印，晒成极白干，入水一汶。漉上盔帽，过利刀二次（过刀时手脉微振，烧出即成雀口）。然后补整碎缺，就车上旋转打圈。

圈后或画或书字，画后喷水数口，然后过釉。

　　制作杯盘通常没有固定的模式，用双手捧泥放在陶车的盔帽上面，然后让圆盘旋转起来。大拇指剪去指甲之后，将泥的底部按定，就着旋转的趋势用大拇指将泥薄薄的旋转着向上拉，便可以做成杯碗的形状（初学的人若是把坯子捏坏了就让它作废，然后把坯子破开用这些泥再重新做一个）。做得多了熟练之后，就算是做千万个杯碗也都能做成一模一样。在盔帽上制作小坯子的时候，不需要加泥，造中等盘子和大号碗的便要逐渐加泥，让盔帽慢慢增大，等它干燥之后再进行加工。用手指将泥旋成坯子之后，要将它旋转过来，在盔帽上印一下。晾晒到还留有一些水分的时候，要再印一次。晒到完全干燥的白色时，要放入水中沾一次。水滤干之后，将坯子放在盔帽上用锋利的刀刮两次（用刀刮的时候如果手稍微有颤抖，坯子烧成之后便会出现缺口）。刮过之后，将坯子破损的地方填补好，放在陶车上旋转打圈。之后可以在上面绘画或者写字，画好之后要往坯子上喷几口水，再开始上釉。

　　凡为碎器与千钟粟与褐色杯等，不用青料。欲为碎器，利刀过后，日晒极热，入清水一蘸而起，烧出自成裂纹。千钟粟则釉浆捷点，褐色（杯）则老茶叶煎水一抹也。（古碎器，日

品读经典

本国极珍重，真者不惜千金。古香炉碎器不知何代造，底有铁钉，其钉掩光色不锈。）

　　凡是制作"碎器"、"千钟粟"和褐色杯这样的瓷器，不能用青釉料。想要制作碎器，那么在用刀将坯子修整好后，便放在太阳之下暴晒，晒到极热之后放入清水里蘸一下就拿出来，这样烧成之后便自然生成裂纹。烧制千钟粟是用釉浆迅速地点在坯子上，烧制褐色杯是用老茶叶煎的水涂抹在坯子上面。（古代的碎器，在日本颇受重视，日本人不惜千金购买真品。古代的香炉碎器不知道是什么朝代制作的，底部钉有"铁钉"，这个"铁钉"不会生锈，非常光亮。）

　　凡饶镇白瓷锈，用小港嘴泥浆和桃竹叶灰调成，似清泔汁（泉郡瓷仙用松毛水调泥浆，处郡青瓷锈未详所出），盛于缸内。凡诸器过锈，先荡其内，外边用指一蘸涂弦，自然流遍。凡画碗青料总一味无名异（漆匠煎油，亦用以收火色）。此物不生深土，浮生地面，深者堀下三尺即止，各省直皆有之。亦辨认上料、中料、下料，用时先将炭火丛红煅过。上者出火成翠毛色，中者微青，下者近土褐。上者每斤煅出只得七两，中、下者以次缩减。如上品细料器及御器龙凤等，皆以上料画成，故其价每石值银贰拾肆两，中者半之，下者则十之三而已。

译文

　　凡是景德镇烧制的白瓷釉，都是用小港嘴产的泥浆和桃竹叶灰调和而成的，这种釉好似澄清的泔汁一样（泉郡的瓷仙用松毛灰水调和泥浆做釉，处郡的青瓷釉不知道由什么做成），盛放在缸内。各种瓷器凡是上釉，都是将釉水放入坯子内摇荡，外面再用手指蘸着釉水涂抹边缘，这样釉水便自然流遍整个瓷器。用来画碗的青料，只有"无名异"这一种（漆匠煎桐油的时候，也用"无名异"作为染料）。无名异这种东西不在深土内生长，而且浮生地面，寻找它的人只要挖到地下三尺深便可以得到了，这种东西各个省份都有。虽然如此，无名异也有上料、中料、下料需要区分辨认，使用无名异的时候要先将它放在炭火中煅烧。上等的无名异煅烧过后会呈现出翠绿的羽毛的颜色，中等的呈现出轻微的青色，下等的呈现出一种接近土褐色的颜色。一斤上等的无名异经过煅烧之后只得七两料，中、下等的还要依次减少。上品的细料瓷器和进贡宫中的龙凤瓷器等，都是用上等的釉料绘画而成，所以每石上等无名异价值二十四两，中等的价值为它的一半，下等的价值便只有它的十分之三而已。

原文

　　凡饶镇所用，以衢、信两郡山中者为上料，名曰浙料，上高诸邑者为中，丰城诸处者为下也。凡使料煅过之后，以乳钵极研（其钵底留粗，不转锈），然后调画水。调研时色如皂，入火则成青碧色。凡将碎器为紫霞色杯者，用胭脂打湿，将铁线纽一兜络，盛碎器其中，炭火炙热，然后以湿胭脂一抹即成。凡宣红器乃烧成之后，出火，另施工巧微炙而成者，非世上砆砂能留红质于火内也（宣红元末已失传，正德中历试复造出）。

凡景德镇所用的釉料，以衢、信两郡山里所产的料作为上料，这个地方的釉料称为浙料，上高等县出产的釉料为中料，丰城各处出产的釉料为下料。将釉料煅烧过之后，用乳钵将它研磨得细细的（乳钵的底部要粗糙，不能够上有釉），然后调成画水。调研的时候，釉料的颜色为黑色，入火之后便变成青绿色。凡是想将碎器制成紫霞色杯子的，要将胭脂粉打湿，然后用铁丝编成一个网兜，将碎器放入这个网兜里面，在炭火上烤，之后再用湿的胭脂在上面涂抹即可制成。凡是要烧制宣红器的，要在烧成之后出火，再另外巧妙地用小火烧制而成，世上的朱砂并不能在烧制之后还保留红色（宣红器的烧制方法在元末的时候便已失传，正德年间经过多次试验才又将它烧制出来）。

凡瓷器经画过锈之后，装入匣钵（装时手拿微重，后日烧出即成坳口，不复周正）。钵以粗泥造，其中一泥饼托一器，底空处以沙实之。大器一匣装一个，小器十余共一匣钵。钵佳

天工开物

者装烧十余度，劣者一二次即坏。凡匣钵装器入窑，然后举火。其窑上空十二圆眼，名曰天窗。火以十二时辰为足。先发门火十个时，火力从下攻上，然后天窗掷柴烧两时，火力从上透下。器在火中，其软如棉絮，以铁叉取一以验火候之足。辩认真足，然后绝薪止火。共计一杯工力，过手七十二，方克成器，其中微细节目尚不能尽也。

瓷器在绘彩过釉之后，要装入匣钵之中（装瓷器的时候如果手上力道稍微过重，日后烧出来的时候便会有凹口，没有办法复原）。匣钵由粗泥制成，每件瓷器都由匣钵里的一个泥饼托着，匣钵底部的空处用沙子来填实。大的瓷器一个匣钵只能装下一件，小的瓷器一个匣钵里可以放下十余个。质量好的匣钵可以装烧十余次，质量差的匣钵装烧一两次便坏了。烧制时，先用匣钵装器放入窑中，然后点火。窑的上方留有十二个圆孔，叫做天窗。烧制的过程，火要烧十二个时辰才够。先在窑门处点火烧十个时辰，这个时候火力从下向上攻，之后再从天窗向里面投入柴火烧制两个时辰，这个时候火力从上向下透。瓷器在火中烧制时，像棉絮那样柔软，用铁叉取出一件来检查火候是否充足。辨认出火候真的充足之后，绝薪灭火。完成一坯所需要的工夫，要过手七十二道工序才能够烧制成，这里面的一些微小细节还没有详细地写出来。

燔石

宋子曰：五行之内，土为万物之母。子之贵者，岂惟五金哉！金与火相守而流，功用谓莫尚焉矣。石得燔而成功，盖愈出愈奇焉。

原文

宋子曰：五行之内，土为万物之母。子之贵者，岂惟五金哉！金与火相守而流，功用谓莫尚焉矣。石得燔而成功，盖愈出而愈奇焉。水浸淫而败物，有隙必攻，所谓不遗丝发者。调和一物，以为外拒，漂海则冲洋澜，粘瓷则固城雉。不烦历候远涉，而至宝得焉。燔石之功，殆莫之与京矣！至于矾现五色之形，硫为群石之将，皆变化于烈火。巧极丹铅炉火，方士纵焦劳唇舌，何尝肖像天工之万一哉！

译文

宋子说：五行之中，土是万物的始源。土地中蕴藏着价值贵重的物质，难道只有金属一种吗？金属经过火焰的熔炼，可以制成形形色色的物品，它的作用不得不说很大。然而土地中埋藏的矿石经过焙烧后也都能发挥出作用，而且种类、用途也越来越新奇。水的浸透会使物体腐坏，而且水的渗透有孔必入，可以说连头发丝一样的缝隙都不遗漏。然后，人们能调制出石灰这种物质，可以防止渗水，用之于船体则能乘风破浪；用之于砖瓦则能坚固城墙。这种宝贵的物质，不需要长时间远途跋涉就能得到。因此，煅烧后的矿石用途大概是没什么比它更大的了！至于矾石则有五种颜色的不同形态，硫黄能成为所有矿石中地位最高的，都是得益于烈焰燃烧的缘故。这种技术在炼制丹砂、铅粉时得到极好的应用，纵然研习炼丹之术的方士把他们的方术吹嘘得口干舌燥，又怎比得上大自然神工的万分之一啊！

石灰

原文

　　凡石灰经火焚炼为用。成质之后，入水永劫不坏。亿万舟楫，亿万垣墙，窒隙防淫，是必由之。百里内外，土中必生可燔石，石以青色为上，黄白次之。石必掩土内二三尺，堀取受燔，土面见风者不用。燔灰火料，煤炭居十九，薪炭居什一。先取煤炭、泥和做成饼，每煤饼一层，叠石一层，铺薪其底，灼火燔之。最佳者曰矿灰，最恶者曰窑滓灰。火力到后，烧酥石性，置于风中，久自吹化成粉。急用者以水沃之，亦自解散。

译文

　　石灰石必须用火烧制成石灰才可以被应用。石灰变硬以后，遇到水也永远不会被破坏。众多的船和墙壁，填缝必须要用石灰，才能有效防水。百里左右的土中，总会找出可以使用的石灰石。这种石灰石，青色的为上品，黄、白色的差一些。埋于地下二三尺深的石灰石，挖出来可供烧炼用，但表面风化的就没用了。烧石灰的燃料中，煤炭占十分之九，薪炭占十分之一。先将煤炭与泥和在一起做成饼状，每一层煤饼上放一层石灰石，底层铺上薪炭，点火燃烧。锻造的石灰中矿灰最好，窑滓灰最差。火候一到，石灰石就会烧脆，放在有风的地方，时间一长就变为粉末。急用时可用水浇湿，也会变成粉末。

原文

　　凡灰用以固舟缝，则桐油、鱼油调厚绢、细罗和油杵千下塞舱。用以砌墙、石，则筛去石块，水调粘合。甃墁则仍用油灰。用以垩墙壁，则澄过入纸筋涂墁。用以襄墓及贮水池，则灰一分，入河沙、黄土二分，用糯米粳、羊桃藤汁和匀，轻筑坚固，永不隳坏，名曰三和土。其余造淀、造纸，功用难以枚述。凡温、台、闽、广海滨石不堪灰者，则天生蛎蚝以代之。

译文

　　用石灰填船缝的时候，要和桐油或鱼油调配，放在厚绢或细罗上用油拌和，再杵一千下，才可以用来塞缝。用石灰砌墙或砌石时，要筛去其中的石块，用水调在一起。涂饰器物还要用油灰。用石灰粉刷墙壁，就把石灰用水澄清，加入纸筋后再涂抹。用来修坟墓或蓄水池时，就准备石灰一份，加入河沙、黄土两份，以糯米糊、杨桃藤汁拌匀，轻压便可使其坚固，永远不会损坏，人们称之为"三和土"。其他使用情况，如制造蓝淀、造纸，都离不开石灰。石灰的用途真是不可胜数。浙江温州、台州及福建、广东沿海地区的石头如不能用于烧制石灰，那也可以用天生的牡蛎壳作为代用品。

煤炭

原文

凡煤炭，普天皆生，以供锻炼金、石之用。南方秃山无草木者，下即有煤，北方勿论。

译文

煤炭这种物质，天下各处都有出产，可以用来煅烧金属和矿石。南方草木不生的秃山下就藏有煤矿，北方同样是这样。

原文

煤有三种，有明煤、碎煤、末煤。明煤大块如斗许，燕、齐、秦、晋生之。不用风箱鼓扇，以木炭少许引燃，烧炽达昼夜。其傍夹带碎屑，则用洁净黄土调水作饼而烧之。碎煤有两种，多生吴、楚。炎高者曰"饭炭"，用以炊烹。炎平者曰"铁炭"，用以冶锻。入炉先用水沃湿，必用鼓鞴后红，以次增添而用。末炭如面者，名曰"自来风"。泥水调成饼，入于炉内，既灼之后，与明煤相同，经昼夜不灭。半供炊爨，半供镕铜、化石、升朱。至于燔石为灰与矾、硫，则三煤皆可用也。

煤有三种：明煤、碎煤和末煤。明煤块头如斗一般大小，燕、齐、秦、晋等地出产。明煤不用风箱鼓风，只需用少许木炭点燃，就能昼夜炽热地燃烧。明煤中夹杂着的零散煤屑，可以和干净的黄土一同调水制成饼状，用来烧火。碎煤有两种，多产自吴、楚等地。碎煤燃烧时火焰高的叫"饭炭"，用以烧火做饭；火焰低的叫"铁炭"，用以冶炼锻造。这种煤炭放入火炉前要先用水打湿，只有鼓风才能烧红，然后再逐次增添使用。末煤形状像面粉，又名"自来风"。将末煤和泥、水混合做成饼状，放入炉中点燃，就和明煤一样，可以昼夜燃烧。末煤既适用于做饭，又适用于熔炼铜矿、焙烧石材、炼制朱砂等。至于烧制石灰、矾石、硫黄等物，三种煤都可以用。

原文

凡取煤经历久者，从土面能辨有无之色，然后堀挖。深至五丈许，方始得煤。初见煤端时，毒气灼人。有将巨竹凿去中节，尖锐其末，插入炭中，其毒烟从竹中透上，人从其下施镢拾取者。

▲ 煤饼烧石成灰

或一井而下，炭纵横广有，则随其左右阔取。其上枝板，以防压崩耳。

那些长期从事采煤工作的人，可以从地表的情况判断地下是否有煤，然后挖掘。差不多挖到五丈深，才能发现煤。煤层刚刚露出时，地下有一种有害的毒气。于是人们将毛竹的竹节打通，将竹的一端削尖，插入煤层内，其中的毒气便通过竹竿排出地面，人们就可以在井下用锄挖煤。有的井下煤层纵横延伸很广，这时可以随其方向双向挖取。挖掘的同时需在井道的上方支起木板，防止坍塌。

凡煤炭取空而后，以土填实其井，经二三十年后，其下煤复生长，取之不尽。其底及四周石卵，土人名曰铜炭者，取出烧皂矾与硫黄（详后款）。凡石卵单取硫黄者，其气薰甚，名曰臭煤，燕京房山、固安，湖广荆州等处间有之。

当一处的煤被采空后，便用土将井道填实。过二三十年后，地下便又可以出煤，如此取之不尽。井道底下和周围有卵石，当地人称之为"铜炭"，可以烧制皂矾和硫黄（详细内容后面会提到）。那种只能炼出硫黄的卵石，气味十分刺鼻，叫"臭煤"，京师的房山、固安，湖广的荆州等处的煤层也有这种煤。

凡煤炭经焚而后，质随火神化去，总无灰滓。盖金与土石之间，造化别现此种云。凡煤炭不生茂草盛木之乡，以见天心之妙。其炊爨功用所不及者，唯结腐一种而已（结豆腐者，用煤炉则焦苦）。

译文

煤炭经过燃烧，内质便随火化去，不会留下煤渣。在金属层和土石层之间，自然变化有不同表现。出产煤炭的地方草木不茂盛，这就说明了自然界的巧妙。煤炭唯一无用之处，只是做豆腐这一项而已（以煤火结腐则味苦）。

硫黄

凡硫黄乃烧石承液而结就。著书者误以焚石为矾石，遂有矾液之说。然烧取硫黄石，半出特生白石，半出煤矿烧矾石，此矾液之说所由混也。又言中国有温泉处必有硫黄，今东海、广南产硫黄处又无温泉，此因温泉水气似硫黄，故意度言之也。

　　硫黄是烧制矿石时流出的液态物质凝结而成的。有的著书者误认为"焚石"就是"矾石"，因此就有了硫黄是烧制矾石时流出的液态物质凝结而成的说法。此外，用以烧制硫黄的矿石，一半产自当地特有的白石，一半产自煤层中用以烧制矾石的卵石。这就是以上说法混淆的原因。又有人说中国有温泉的地方必定有硫黄，然而如今福建、广东产硫黄的地方并无温泉。这是因为温泉发出的气味类似硫黄，所以人们凭猜测这么说。

　　凡烧硫黄，石与煤矿石同形。堀取其石，用煤炭饼包果丛架，外筑土作炉。炭与石皆载千斤于内，炉上用烧硫旧滓掩盖，中顶隆起，透一圆孔其中。火力到时，孔内透出黄焰金光。先教陶家烧一钵盂，其盂当中隆起，边弦卷成鱼袋样，覆于孔上。石精感受火神，化出黄光飞走，遇盂掩住，不能上飞，则化成液汁，靠着盂底，其液流入弦袋之中。其弦又透小眼，流入冷道灰槽小池，则凝结而成硫黄矣。

　　焙烧硫黄的矿石和煤层中的卵石形状相同。采掘焙烧硫黄

天工开物

一九二

的矿石，将之聚成一堆裹上煤饼，再在外围筑土为炉。往炉中填入煤炭、矿石各千斤，炉顶用烧过硫黄的渣滓掩盖，顶部中间隆起，其中透出一个圆孔。炉中的火势一大，孔内就冒出金黄色的气焰。事先让陶工烧制一个钵盂，盂的中间隆起，边缘卷成鱼袋形状的凹槽，将之盖在炉顶的圆孔上。矿石中的成分经过高温，生发出黄色气体，上升遇到钵盂的抵挡不能飞散，产生液化作用，生成的液体沿着盂底流入边缘的凹槽。在钵盂边缘的一处开一小眼，接有低温管道，液体从管道流出进入石灰制的小池，冷却后即凝固成硫黄。

▶ 烧取硫黄

内向弦卷

　　其炭煤矿石烧取皂矾者，当其黄光上走时，仍用此法掩盖，以取硫黄。得硫一斤，则减去皂矾三十余斤。其矾精华已结硫黄，则枯滓遂为弃物。

烧制煤层中含矾石成分的卵石，待炉中的黄色气体上升时，也用这种盖顶的方法，以获取硫黄。每获得一斤硫黄，便少得三十余斤矾石。矾石中的有效成分转化成了硫磺，剩余的枯渣便成了废弃物。

原文

凡火药，硫，为纯阳，硝为纯阴，两精逼合，成声成变，此乾坤幻出神物也。硫黄不产北狄，或产而不知炼取亦不可知。至奇炮出于西洋与红夷，则东徂西数万里，皆产硫黄之地也。其琉球土硫黄、广南水硫黄，皆误记也。

译文

火药的成分中，硫黄性属阳，硝石性属阴，二者发生相互作用，便产生出声响和形变，这就是阴阳结合而幻化出来的神奇之物。北方少数民族聚居地区不产硫黄，就算有产，当地也不懂得炼制的方法，这也不一定。西洋与荷兰能造出新奇火炮，便表明东西数万里之境，都出产硫黄。而所谓的琉球"土硫黄"、广东的"水硫黄"，都是错误的记载。

砒石

原文

　　凡烧砒霜质料，似土而坚，似石而碎，穴土数尺而取之。江西信郡、河南信阳州皆有砒井，故名信石。近则出产独盛衡阳，一厂有造至万钧者。凡砒石井中，其上常有浊绿水，先绞水尽，然后下凿。砒有红、白两种，各因所出原石色烧成。

译文

　　用于烧制砒霜的原料砒石，像土块但比土块坚硬，像石头但比石头易碎，掘土数尺便可得到。江西广信（今上饶）、河南信阳都有砒井，所以砒石也被称为信石。最近生产最多的只有衡阳，其中有一个厂家年产高达一万斤。产砒石的井中，表面常有绿色的浊水，要先把水汲尽，然后才可下井挖取。砒霜有红、白两种，分别由原来的红、白砒石烧成。

原文

　　凡烧砒，下鞠土窑，纳石其上，上砌曲突，以铁釜倒悬覆突口。其下灼炭举火，其烟气从曲突内熏贴釜上。度其已贴一层，厚结寸许，下复息火。待前烟冷定，又举次火，熏贴如前。一釜之内，数层已满，然后提下，毁釜而取砒，故今砒底有铁沙，即破釜滓也。凡白砒止此一法，红砒则分金炉内银铜脑气有闪成者。

烧制砒霜时，在地下挖一土窖，将砒石放入土窖里，窖的上部砌弯曲的烟囱，把铁锅倒扣在烟囱口上。下面点火烧柴，烟气流到烟囱口后，就积结在倒放的铁锅中。估计积结物贴到一层，差不多一寸厚的时候，灭掉下面的火。等到出来的烟气冷却以后，接着第二次点火，重复前面的方法。这样经过几次反复，铁锅上已经结满了好几层，然后把铁锅

▲烧制砒霜

拿下来打碎，就可以得到砒霜了。所以靠近锅底的砒霜所含的铁沙，就是破锅渣。烧制白砒霜只有这一种方法，而红砒霜还有另外一种方法，就是在分金炉内炼含砒的银铜矿石时，逸出的气体凝结就形成红砒霜。

凡烧砒时，立者必于上风十余丈外。下风所近，草木皆死。烧砒之人经两载即改徙，否则须发尽落。此物生人食过分厘立死。

然每岁千万金钱速售不滞者，以晋地菽、麦必用拌种，且驱田中黄鼠害。宁、绍郡稻田必用蘸秧根，则丰收也。不然，火药与染铜需用能几何哉！

　　烧制砒霜的时候，烧制者一定要站在上风十余丈以外的地方。下风所到之处，草木都被熏死。烧砒的人从业两年就要改行，否则胡须和头发都要掉光。这种东西人吃一点就会立刻死去。然而，每年砒霜产值可达到上千万，都能很快卖光而不会滞销。这是因为在山西等地区，种植豆类和麦类要用砒霜拌种，这样可以驱除田中的黄鼠危害。浙江宁波、绍兴的稻田要用砒霜蘸湿稻秧，就可以获得丰收。要不然，仅仅制造火药与炼白铜，能用多少砒霜呢？

杀青

宋子曰：物象精华，乾坤微妙，古传今而华达夷，使后起含生目授而心识之，承载者以何物哉？君与民通，师将弟命，凭借呫呫口语，其与几何？

原文

宋子曰：物象精华、乾坤微妙，古传今而华达夷，使后起含生目授而心识之，承载者以何物哉？君与臣通，师将弟命，凭借呫呫口语，其与几何？持寸符，握半卷，终事诠旨。风行而水释焉。覆载之间之籍有楮先生也，圣顽咸嘉赖之矣。身为竹骨与木皮，杀其青而白乃见，万卷百家，基从此起。其精在此，而其粗效于障风护物之间。事已开于上古，而使汉、晋时人擅名记者，何其陋哉！

译文

宋子说：人间事物的精华和自然界的妙处，从古代留传到今天，从中原远播到边疆，使得后人通过阅读而心领神会，是用什么记载下来的呢？君臣间授旨请命、师徒间传业受教，如果只凭借口耳相传，又能传达多少呢？但只要有一张纸和半卷书，便足以说明意图和道理，政令可迅速下达，疑难可及时解决。人们都离不开一种被称为"楮先生"的纸，不管你聪明与否都受惠于此物。纸以竹竿和树皮为原料，除去青皮就可以制成白纸，诸子百家的万卷图书都因为写在纸上而留传至今。精细的纸都用在这方面，而粗糙的纸则用来糊窗和包装。造纸术起源于上古时期，而有人却说是汉、晋时某个人所发明，这种见解何等浅陋啊！

纸 料

凡纸质用楮树（一名榖树）皮与桑穰、芙蓉膜等诸物者为皮纸。用竹、麻者为竹纸。精者极其洁白，供书文、印文、柬、启用。粗者为火纸、包果纸。所谓"杀青"，以斩竹得名，"汗青"以煮沥得名，简即已成纸名，乃煮竹成简。后人遂疑削竹片以纪事，而又误疑"韦编"为皮条穿竹札也。秦火未经时，书籍繁甚，削竹能藏几何？如西番用贝树造成纸叶，中华又疑以贝叶书经典。不知树叶离根即焦，与削竹同一可哂也。

译文

凡是用楮树（一名榖树）皮与桑皮、木芙蓉皮等皮料制成的纸，叫皮纸。用竹纤维制成的为竹纸。精美的纸非常洁白，可供书写、印刷、书信、文书之用。粗糙的纸可用做火纸和包裹纸。所谓"杀青"，是由砍竹而得名，"汗青"则从蒸煮而得名，"简"是指已经制好的纸。因为煮竹可

干焙火透

以得到简，后人就误以为削竹片可以记事，还误以为"韦编"的意思就是用皮条穿过竹简。秦始皇焚书以前，有那么多书籍，如果只用竹片记东西，那能记多少呢？还有，西域国家有用贝树叶造成贝叶纸，中国又有人认为贝叶纸可用来记录佛经。岂不知树叶离根就枯烂，这种说法与削竹片记事的说法一样可笑。

造 竹 纸

　　凡造竹纸，事出南方，而闽省独专其盛。当笋生之后，看视山窝深浅，其竹以将生枝叶者为上料。节界芒种，则登山砍伐。截断五、七尺长，就于本山开塘一口，注水其中漂浸。恐塘水有涸时，则用竹枧通引，不断瀑流注入。浸至百日之外，加功槌洗，洗去粗壳与青皮（是名杀青），其中竹穰形同苎麻样。用上好石灰化汁涂浆，入楻桶下煮，火以八日八夜为率。

　　竹纸制作多发生在南方，而福建省最为盛行。当竹笋长出来以后，先观察山沟里竹林的长势，以快要长枝叶的竹子为上等原料。快到芒种的时候，就可以登山伐竹了。将竹竿截成五至七尺长的样子，在山上就地开一口池塘，往池塘里注水以浸泡竹料。为避免池塘干涸，则用竹管引水，不断使山上的水注入池塘里。浸泡到百日以上，把竹料从塘内取出加工槌洗，洗去粗壳与青表皮（这就是杀青），其中竹纤维的形状就如同苎麻一样。用上好的石灰化成灰浆，涂在竹料上，放入楻桶煮，一般要煮八天八夜。

原文

凡煮竹，下锅用径二尺者，锅上泥与石灰捏弦，高阔如广中煮盐牢盆样，中可载水十余石。上盖楻桶，其围丈五尺，其径四尺余。盖定受煮，八日已足。歇火一日，揭楻取出竹麻，入清水漂塘之内洗净。其塘底面、四维皆用木板合缝砌完，以妨泥污（造粗纸者不须为此）。洗净，用柴灰浆过，再入釜中，其上按平，平铺稻草灰寸许。桶内水滚沸，即取出别桶之中，仍以灰汁淋下。倘水冷，烧滚再淋。如是十余日，自然臭烂。取出入臼受春（山国皆有水碓），春至形同泥面，倾入槽内。

译文

凡是煮竹料，用的锅直径必须为二尺，锅上用泥与石灰封固边沿，高度和宽度类似广东煮盐用的牢盆，里面可以盛十多石水。锅的上面盖楻桶，楻桶的周长一丈五尺，直径四尺多。盖好以后就开始煮，八天就够了。停火一天以后，打开楻桶取出竹料，放进清水池塘里洗干净。池塘底面和四周都用木板合缝砌好，以防止泥污浸入（造粗纸时不用这样）。洗干净以后，再用柴灰水浆透竹料，再放入锅中压平，在上面平铺一寸左右的稻草灰。桶内水煮开了以后，把竹料取出来，放进另一樘桶里，再用灰水淋下。如果灰水已经冷却，就烧开后再淋。这样经过十多天后，竹料自然就蒸烂了。取出竹料放入臼中捣碎（山区都有水碓），直到把竹料捣成泥面状，然后倒入纸槽中。

读经典

凡抄纸槽，上合方斗，尺寸阔狭，槽视帘，帘视纸。竹麻已成，槽内清水浸浮其面三寸许，入纸药水汁于其中（形同桃竹叶，方语无定名），则水干自成洁白。凡抄纸帘，用刮磨绝细竹丝编成。展卷张开时，下有纵横架框。两手持帘入水，荡起竹麻入于帘内。厚薄由人手法，轻荡则薄，重荡则厚。竹料浮帘之顷，水从四际淋下槽内。然后覆帘，落纸于板上，叠积千万张。数满则上以板压，俏绳入棍，如榨酒法，使水气净尽流干。然后以轻细铜镊逐张揭起焙干。凡焙纸，先以土砖砌成夹巷，下以砖盖巷地面，数块以往即空一砖。火薪从头穴烧发，火气从砖隙透巷，

荡料入帘

▶荡料入帘

外砖尽热，湿纸逐张贴上焙干，揭起成帙。

抄纸槽的形状都像一个方斗，其尺寸宽窄，槽根据纸帘的大小而定，而纸帘又根据纸的尺幅而定。竹料已经制好，便向槽内倒入清水，水面高出竹料三寸，再往里加入纸药水（形同桃竹叶，各地名称不一），那纸脱干后自然洁白。抄纸帘都是用刮磨绝细的竹丝编成的，把纸帘展开后，下方有长方形框架支撑着。两手拿好帘子放进纸浆水里，把竹纤维荡起并放入帘内。纸的厚薄取决于人的手法，荡得轻就薄，荡得重就厚。竹料浮在帘上时，水从四边流到槽里。然后翻转纸帘，使纸落到木板上，叠积成千上万张。数目够了以后，就在湿纸上放一木板加以挤压，拴好绳子插入撬棍，像榨酒那样压干纸内的水分。然后轻轻用细铜镊一张一张地揭起来烘干。烘纸时，先用土砖砌成夹巷，下面用砖盖铺在夹巷底部，隔几块砖就空一砖。薪火从夹巷的端口烧起，火温从砖隙透过夹巷，使外面的砖都发热，把湿纸逐张贴在夹巷上烘干，最后揭下来叠好。

近世阔幅者，名大四连，一时书文贵重。其废纸洗去朱墨污秽，浸烂入槽再造，全省从前煮浸之力，依然成纸，耗亦不多。南方竹贱之国，不以为然。北方即寸条片角在地，随手拾取再造，名曰还魂纸。竹与皮，精与粗，皆同之也。若火纸、糙纸，斩竹煮麻，灰浆水淋，皆同前法，唯脱帘之后，不用烘焙，压水去湿，日晒成干而已。

　　宋代以后，有一种宽幅纸，名叫大四连。有一段时间人们看中这种纸，用于书写。把废纸上的朱墨、污秽都洗去，漂洗、打烂后放入槽里重新造纸，前面叙述的操作中蒸煮、沤浸的工序，可以通通省去，照样可以做成纸张，消耗也不多。南方盛产竹子，不会太在乎竹子的消耗。而北方即使把碎纸掉在地上，随手拾起也可以再次造纸，名叫"还魂纸"。竹纸与皮纸，精纸与粗纸，都是用相同方法制造的。至于火纸、粗糙纸的制造，砍竹、煮竹料，用灰浆和灰水浇淋，前面的方法都相同，只有湿纸从帘上脱下后，不用烘焙，压干水分以后，靠太阳晒干就可以了。

　　盛唐时，鬼神事繁，以纸钱代焚帛（北方用切条，名曰板钱），故造此者名曰火纸。荆楚近俗，有一焚侈至千斤者。此纸十七供冥烧，十三供日用，其最粗而厚者名曰包果纸，则竹麻和宿田晚稻稿所为也。若铅山诸邑所造柬纸，则全用细竹料厚质荡成，以射重价。最上者曰官柬，富贵之家通刺用之。其纸敦厚而无筋膜，染红为吉柬，则先以白矾水染过，后上红花汁云。

译文

盛唐时，敬鬼神的事情很多，烧纸钱便不必再烧帛（北方用切条，名为板钱），所以造的这种纸叫做火纸。荆楚（湖南、湖北）一带最近流行的风俗，一次要烧掉上千斤的火纸。这类纸十分之七都被用做祭祀烧了，十分之三被当做日用品，其中最粗最厚的名叫包裹纸，是用竹料和隔年晚稻秆制作的。至于江西铅山等地所造的柬纸，全是先把细竹料加厚抄成，就是为卖一个好价钱。最好的纸要数官柬纸了，常被富贵之家拿来作名片用。这种纸质厚实而没有韧性，染红后可用做办喜事的吉柬纸。先用白矾水把纸染好，再染上红花汁。

造皮纸

原文

凡楮树取皮，于春末夏初剥取。树已老者，就根伐去，以土盖之。来年再长新条，其皮更美。

译文

楮树皮要在春末夏初的时候剥取。年岁过长的树，要在接近根的部位把树砍去，用土盖在上面。等来年再长出新条的时候，树皮就更美了。

凡皮纸，楮皮六十斤，仍入绝嫩竹麻四十斤，同塘漂浸，同用石灰浆涂，入釜煮糜。近法省啬者，皮、竹十七而外，或入宿田稻秆十三，用药得方，仍成洁白。凡皮料坚固纸，其纵文扯断如绵丝，故曰绵纸。衡断且费力。其最上一等供用大内糊窗格者，曰棂纱纸。此纸自广信郡造，长过七尺，阔过四尺。五色颜料，先滴色汁槽内和成，不由后染。其次曰连四纸，连四中最白者曰红上纸。皮名、而竹与稻叶参和而成料者，曰揭贴呈文纸。芙蓉等皮造者，统曰小皮纸，在江西则曰中夹纸。河南所造，未详何草木为质，北供帝京，产亦甚广。又桑皮造者曰桑穰纸，极其敦厚，东浙所产，三吴收蚕种者必用之。凡糊雨伞与油扇，皆用小皮纸。

造皮纸时，用楮皮六十斤，还要加入绝嫩竹料四十斤，一同入池塘里浸泡，同样用石灰浆涂，放入锅中煮烂。近来习惯节省的人，除了用十分之七的树皮、竹料外，还要配上十分之三的隔年稻秆，如用药恰到好处，仍能造出洁白的纸。结实的皮料纸，把纵纹扯断以后，如同绵丝，所以被称做"绵纸"。横向扯断比较费力。最上等的棉纸是用来供宫内糊窗格的，叫做棂纱纸。此纸是在广信府（今江西上饶地区）制造的，长过七尺，宽过四尺。各种颜料的用法是先把色汁放入槽内和纸浆拌均匀，而不是成纸后再染。其次是连四纸，连四纸中最白的是红上纸。用皮、竹与稻秆掺和而制成料的，是揭帖呈文纸。用木芙蓉等树皮造的纸，统统称做小皮纸，而在江西则被称为中夹纸。河南所造的纸，不知道用的什么原料，北运供京师使用，产量很大。还有用桑皮造的纸，名为桑穰纸，非常厚实，这种纸产于浙江东部，是苏州、常州、湖州收蚕种时必须要用的。糊制雨伞与油扇，都要用小皮纸。

凡造皮纸长阔者，其盛水槽甚宽，巨帘非一人手力所胜，两人对举荡成。若椽纱，则数人方胜其任。凡皮纸供用画幅，先用矾水荡过，则毛茨不起。纸以逼帘者为正面。盖料即成泥浮其上者，粗意犹存也。朝鲜白硾纸，不知用何质料。倭国有造纸不用帘抄者，煮料成糜时，以巨阔青石覆于炕面，其下爇火，使石发烧。然后用糊刷蘸糜，薄刷石面，居然顷刻成纸一张，一揭而起。其朝鲜用此

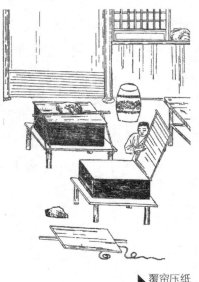

▶ 覆帘压纸

法与否，不可得知。中国有用此法者，亦不可得知也。永嘉蠲糨纸，亦桑穰造。四川薛涛笺，亦芙蓉皮为料煮糜，入芙蓉花末汁。或当时薛涛所指，遂留名至今。其美在色，不在质料也。

　　制作宽幅的皮纸，装浆料的纸槽也一定要宽大一些。大的纸帘一人用手不能提起来，必须两人面对面地举着纸帘抄造。要是椴纱纸，那就需要几个人举帘才可以。作书画用的皮纸，先要用明矾水洗过，这样才不会起毛。贴近竹帘的纸为正面，因为泥料都浮在上面，所以显得比较粗糙。朝鲜白硾纸不知道用的什么原料。日本国有的地方造纸不用帘抄，把原料煮烂以后，把宽大的青石放在炕上，下面烧火让石块变热，接着用刷子蘸纸浆，薄薄地刷在青石表面，居然立刻成了一张纸，一揭而下。朝鲜是否用这种方法造纸，不得而知。中国是否用这种方法，也不清楚。永嘉县产的蠲糨纸，也用桑皮制造。四川薛涛笺，也是用木芙蓉树皮为原料，先把原料煮烂，再加上芙蓉花的汁。这种纸也许是当时薛涛设计的，所以名字留传到今天。它的美在于颜色，而不在质料。

丹青

宋子曰：斯文千古之不坠也，注玄尚白，其功熟与京哉！离火红而至黑孕其中，水银白而至红呈其变，造化炉锤，思议何所容也。

原文

宋子曰：斯文千古之不坠也，注玄尚白，其功孰与京哉！离火红而至黑孕其中，水银白而至红呈其变，造化炉锤，思议何所容也。五章遥降，朱临墨而大号彰。万卷横披，墨得朱而天章焕。文房异宝，珠玉何为？至画工肖象万物，或取本姿，或从配合，而色色咸备焉。夫亦依坎附离，而共呈五行变态，非至神孰能与于斯哉？

译文

宋子说：古代文化得以千古留存，得益于纸墨的记载，其功劳无与伦比啊！松木和桐油经过燃烧后产生黑烟，墨的成分就蕴含其中。水银经过烧制，颜色由白变红形成书写材料。万物通过炼制而产生的变化，真是令人不可思议。朝廷发布天下的五色笺敕诏，因为有御笔亲题的朱批，使诏令得以彰显天下。在批阅万卷文献时，黑字配以朱批，使得书文更加焕彩。可见，朱、墨等文房珍宝，岂是珠玉可比？至于画工描摹万物之状，或只用墨水取其本色，或用多种颜料调和，从而描绘出多姿多彩的画面。朱、墨和其他颜料的配制都是依靠水火的作用，并且呈现出五行交替变化的形态。离开自然之力，谁又能做到这些呢？

朱

　　凡朱砂、水银、银朱，原同一物。所以异名者，由精粗、老嫩而分也。上好朱砂，出辰、锦（今名麻阳）与西川者，中即孕汞，然不以升炼。盖光明、箭镞、镜面等砂，其价重于水银三倍，故择出为朱砂货鬻。若以升水，反降贱值。唯粗次朱砂方以升炼水银，而水银又升银朱也。

　　朱砂、水银和银朱，本来就是同一种物质，之所以名称不同，是因为它们之间有精粗、老嫩的区别。上好的朱砂产于辰州、锦州（今名麻阳）与四川，其中含有汞，但不用来制汞。因为光明砂、箭镞砂及镜面砂等朱砂的价钱比水银还高三倍，所以要选出好的朱砂来卖。如果用这样的朱砂炼制水银，反而会贬值。只有粗糙的次朱砂才被用来炼制水银，再把制出的水银升炼成银朱。

　　凡朱砂上品者，穴土十余丈乃得之。始见其苗，磊然白石，谓之朱砂床。近床之砂，有如鸡子大者。其次砂不入药，只为研供画用与升炼水银者。其苗不必白石，其深数丈即得。外床或杂青黄石，或间沙土，土中孕满，则其外沙石多自折裂。此种砂贵州思、印、铜仁等地最繁，而商州、秦州出亦广也。凡次砂取来，其通坑色带白嫩者，则不以研朱，尽以升汞。若砂质即嫩而烁视欲丹者，则取来时入巨铁碾槽中，轧碎如微尘，然后入缸，注清水澄浸。过三日夜，跌取其上浮者，倾入别缸，名曰二朱。其下沉结者，晒干即名头朱也。

译文

　　上等的朱砂，要挖土十余丈才能获得。挖朱砂时，开始看到的矿苗是一堆堆白石，叫朱砂床。矿床附近的朱砂有的像鸡蛋那么大。次等朱砂不能入药，只能用来研磨作画与提炼水银。

次朱砂的矿苗不一定是白石，挖几丈就可以获得。这种朱砂矿床外面，有的杂带青黄色石块，有的含有砂粒，堆满在黄土里，那么外层的砂石多数就自行破裂。这种朱砂在贵州思南、印江、铜仁等地出产最多，而陕西商县、甘肃秦州（今天水）等地也出产很多。开采次等朱砂时，如果整个坑里都是白色细嫩

▲ 提炼朱砂

的矿石，就不可用来研成朱砂，而是全部用于汞的提炼。如果
朱砂质嫩却带有红光的，那么取出来就放入巨大的铁碾槽中碾
成细粉，然后放在缸里，用清水浸泡。经过三天三夜，将浮在
上面一层的舀到另一缸中，名为二朱。下沉至缸底的，晒干后
名为头朱。

凡升水银，或用嫩白次砂，或用缸中跌出浮面二朱，水和
槎成大盘条，每三十斤入一釜内升汞，其下炭质亦用三十斤。
凡升汞，上盖一釜，釜当中留一小孔，釜旁盐泥紧固。釜上用
铁打成一曲弓溜管，其管用麻绳密缠通稍，仍用盐泥涂固。煅
火之时，曲溜一头插入釜中通气（插处一丝固密），一头以中
罐注水两瓶，插曲溜尾于内，釜中之气达于罐中之水而止。共
煅五个时辰，其中砂末尽化成汞，布于满釜。冷定一日，取出
扫下。此最妙玄，化全部天机也（《本草》胡乱注：凿地一孔，
放碗一个盛水）。

提炼水银，要么用白嫩的次朱砂，要么用从缸中舀出浮在
上面的二朱，将朱砂与水拌和，搓成粗条。每三十斤装一锅用
来炼制汞，烧火所用的柴薪也要三十斤。提炼汞时，还要在上
面扣上一个锅，锅上正中留一个小孔，旁边用盐泥混合物封紧。
锅上小孔与用铁打成的弯管连接起来，整个弯管全部用麻绳缠

紧，还是用盐泥封紧。点火时弯管的一头插入锅里通气（接口处要严密封固），另一头插入装有两瓶水的罐子里，锅里的气体遇到罐里的水立刻冷却下来。点火加热五个时辰（十小时），锅里的朱砂粉都变成汞，然后布满在锅壁上。冷却一天之后，把锅取下，扫下锅壁上的汞。这里面的道理颇为玄妙，包含着自然界的全部奥秘（《本草纲目》注中说："凿地一孔，放碗一个盛水。"那是错误的）。

原文

　　凡将水银再升朱用，故名曰银朱。其法或用磐口泥罐，或用上下釜。每水银一斤，入石亭脂（即硫黄制造者）二斤，同研不见星，炒作青砂头，装于罐内。上用铁盏盖定，盏上压一铁尺。铁线兜底捆缚，盐泥固济口缝，下用三钉插地鼎足盛罐。打火三炷香久，频以废笔蘸水擦盏，则银自成粉，贴于罐上，其贴口者砵更鲜华。冷定揭出，刮扫取用。其石亭脂沉下罐底，可取再用也。每升水银一斤，得砵十四两，次砵三两五钱，出数借硫质而生。

译文

　　要是把水银再炼制成朱砂，这种朱砂就是银朱。其方法是或者用开口的泥罐烧炼，或者用一上一下的两口锅。每一斤水银加入二斤石亭脂（硫黄制成的），然后一起研细到不见水银珠为止，用火加热成青色粒状，装进罐子里。罐口用铁盘盖牢，然后在铁盘上压一铁尺。用铁线把铁盘和罐底捆紧，再用盐泥混合物封住所有接缝。下面用三根铁钉插在地上，鼎足而立，从而架起罐子。点火煅烧，大概需要三炷香的时间。在烧火期间，频繁地用废笔蘸冷水滴在铁盘上，则水银自然会变成银朱粉末，贴在罐壁上，贴在灌口部位的银朱更加鲜艳。冷却以后把铁盘揭下，就可以扫取银朱使用了。沉到罐底的石亭脂，还可以取出再次使用。每十六两水银，就能得到银朱十四两，次朱三两五钱，多出来的重量源于硫黄那里。

原文

　　凡升砾与研砾，功用亦相仿。若皇家、贵家画彩，则即同辰、锦丹砂研成者，不用此砾也。凡砾，文房胶成条块，石砚则显。若磨于锡砚之上，则立成皂汁。即漆工以鲜物彩，唯入桐油调则显，入漆亦晦也。凡水银与砾更无他出。其汞海草汞之说，无端狂妄，饵食者信之。若水银已升砾，则不可复还为汞，所谓造化之巧已尽也。

译文

　　人工炼制的银朱和碾制的天然朱砂，功能差不多。但皇家、贵族作画，则用辰州、锦州出产的丹砂研成的粉，而不用这种银朱。文房用的朱，都是用胶做成条块，如果在石砚上研磨，就立刻显出朱红色。如果在锡砚上研磨，则立刻成为黑汁。漆工用银朱的鲜红颜色涂饰漆器时，只有把它与桐油调和颜色方

▲磨砚

可鲜明。要是与漆调和颜色就会发暗。水银和银朱，都不能从上述原料以外的物质中炼取。因而所谓乘海、草汞的说法，都是毫无道理的狂论，只有炼丹家和服食所谓长生药的人才会相信。水银炼制成银朱以后，就不能再还原为汞了，自然界变化的玄妙，到此就结束了。

墨

原文

凡墨，烧烟凝质而为之。取桐油、清油、猪油烟为者，居十之一。取松烟为者，居十之九。凡造贵重墨者，国朝推重徽郡人。或以载油之艰，遣人僦居荆、襄、辰、沅，就其贱值桐油点烟。而归其墨。他日登于纸上，日影横射，有红光者，则以紫草汁浸染灯心而燃炷者也。

译文

墨，是由物质燃烧时产生的烟灰凝结而成的。用桐油、菜油、猪油来烧制的墨占总量的十分之一；用松烟制作的墨占十分之九。我国生产珍贵的墨，首推徽州人。由于载运桐油困难，徽州人便派人到湖北江陵、襄阳和湖南辰溪、沅陵等地，在当地用廉价桐油直接烧成烟灰再运回。徽墨书写于纸上时，在日影的斜照下，墨色会显现出红光，这是因其中含有用紫草汁浸染过的灯芯燃烧后产生的烟的缘故。

原文

凡熬油取烟，每油一斤，得上烟一两余。手力捷疾者，一人供事灯盏二百付。若刮取怠缓则烟老，火燃、质料并丧也。其余寻常用墨，则先将松树流去胶香，然后伐木。凡松香有一毛未净尽，其烟造墨，终有滓洁不解之病。凡松树流去香，木根凿一小孔，炷灯缓炙，则通身膏液就煖倾流而出也。

译文

烧桐油而获取烟灰，每斤油可得到上品烟灰一两多。手脚快的，一人可以掌管两百盏灯。在刮取烟灰时若有怠慢就会使烟烧得过老，这就浪费了灯油和原料。其他一般的墨，是由松烟制成的，先将松树的树脂放干，再砍伐。但凡有一点松香没有清干净，这样制出的墨总会有一些化不开的渣滓。至于除去松香的方法，可在松树根部凿一小孔，再用灯火缓缓焚烧，如此树干中的松脂会因受热而流出。

原文

凡烧松烟，伐松斩成尺寸，鞠蔑为圆屋，如舟中雨篷式，接连十余丈。内外与接口皆以纸及席糊固完成。隔位数节，小孔出烟，其下掩土、砌砖先为通烟道路。燃薪数日，歇冷入中扫刮。凡烧松烟，放火通烟，自头彻尾。靠尾一、二节者为清烟，取入佳墨为料。中节者为混烟，取为时墨料。若近头一、二节，只刮取为烟子，货卖刷印书文家，仍取研细用之。其余则供漆工、垩工之涂玄者。

在烧松烟时，将松木按一定尺寸截开，然后在地上用竹条搭建成圆顶的棚屋，形如船篷，接连延伸十余丈。竹棚的内外和接口处都糊有牢固的纸和席子。每隔数节，留有一个出烟的小孔，竹棚底部用泥土填盖，砌砖时应预先空出通烟的渠道。将截好的松木放在棚内燃烧数天，烧好之久就等其冷却，随后便进入棚内扫刮烟灰。在烧松烟的过程中，点火、放烟都是从棚内的首节开始，依次到尾节。靠近尾端一、二节形成的是青烟，是优质墨的原料。中间部分形成的是混烟，用做一般墨的原料。接近首端一、二节只能刮取到烟子，可出售给印刷图书的坊主，但仍需后期的加工，研磨成细粉方可用。其余剩下的可供漆工、粉刷工当黑色颜料使用。

凡松烟造墨，入水久浸，以浮沉分精悫。其和胶之后，以搥敲多寡分脆坚。其增入珍料与漱金、啣麝，则松烟、油烟，增减听人。其余《墨经》、《墨谱》，博物者自详，此不过粗记质料原因而已。

译文

　　用以制墨的松烟，可以将其放入水中长时间浸泡，然后根据其浮沉情况辨别是否精细。松烟和胶调和，凝固后用锤敲击，然后根据敲击的次数辨别是否坚固。如果往墨中添加珍贵材料，或者是烫金和嵌入麝香，那么松烟和油烟的量就可以随意添加。其余情况在《墨经》、《墨谱》中都有记载，好学之士可以参详其书，此处仅仅是粗略地介绍有关制墨的原料、方法而已。

舟车

宋子曰：人群分而物异产，来注贸迁，以成宇宙。若各居而老死，何藉有群类哉？人有贵而必出，行畏周行。物有贱而必须，坐穷负贩。

品读经典

原文

宋子曰：人群分而物异产，来往贸迁，以成宇宙。若各居而老死，何藉有群类哉？人有贵而必出，行畏周行。物有贱而必须，坐穷负贩。四海之内，南资舟而北资车。梯航万国，能使帝京元气充然。何其始造舟车者，不食尸祝之报也？浮海长年，视万顷波如平地，此与列子所谓御泠风者无异。传所称奚仲之流，倘所谓神人者非耶！

译文

宋子说：人群分居在各地，物品出产于八方，人群之间相互来往进行贸易，就形成了今天社会整体。如果各居一方，老死不相往来，还依靠什么形成人类社会呢？有地位的人必定要外出，但怕到处步行；有些物品虽便宜，却是生活所必需的，由于缺乏而依靠贩运。在国内，南方依靠船，北方依靠车。人们借助车船，才能翻山越海，到各地做生意，首都才会繁荣起来。为什么那些首先制造车船的人，不应当受到崇敬和报答呢？船工长年渡海，视碧波万顷的波涛如平地，这和列子乘风而行没有什么区别。经传上所说的创造车辆的奚仲这类人，把他们称为神人，有何不可？

舟

原文

凡舟古名百千，今名亦百千。或以形名（如海鳅、江鳊、山梭之类），或以量名（载物之数），或以质名（各色木料），不可殚述。游海滨者得见洋船，居江湄者得见漕舫。若局趣山国之中，老死平原之地，所见者一叶扁舟、截流乱筏而已。

译文

船的名称，从古至今都有成百上千之多。命名方式也很多，要么按形状命名（例如海鳅船、江鳊船、山梭船之类），要么按载重量命名（载物的数量），要么按造船材料命名（各种木料），总之不胜枚举。去过沿海地区的人可以看到远洋上的大船，住在江河边的人可以看到漕运用的船。如果把自己限制在山区里，老死在平原地区，那所能见到的不过一叶扁舟或渡河筏子而已。

▲ 小舟

漕舫

原文

　　凡京师为军民集区，万国水运以供储，漕舫所由兴也。元朝混一，以燕京为大都。南方运道，由苏州刘家港、海门黄连沙开洋，直达天津，制度用遮洋船。永乐间因之，以风涛多险，后改漕运。平江伯陈某，始造平底浅船，则今粮舡之制也。

译文

　　京都是军民聚集的地方，各地物资通过河道运来以供首都的需求，漕船就是这么兴起的。元朝统一全国后，把燕京改为大都，从南向北的航道，是从苏州刘家港、海门的黄连沙开始，沿海路直达天津，用的船都是遮洋船。永乐年间（1403—1424）也是如此。以后因为海上风浪很大，危险很多，所以改为漕运。平江伯陈某首先制造了平底浅船，就是现在运粮船只的形式。

原文

　　凡船制底为地，枋为宫墙，阴阳竹为覆瓦。伏狮前为阀阅，后为寝堂。桅为弓弩，弦、篷为翼。橹为车马。簟纤为履鞋，绲索为鹰、雕筋骨，招为先锋，舵为指挥主帅，锚为劄军营寨。

译文

　　说到漕船的构造，如果说船底相当于房屋的地面，那么船枋就是四周的墙壁，船室上的阴阳竹就是屋顶上的瓦。船头的伏狮可以看做是房的前门，船尾的伏狮就是卧室所在的地方。如果把船桅比做弓背或弩身的话，那么船帆就是弓弦或弩翼。船桨就像拉车的马使船在水上行走，那么拉船用的纤绳就好比是走路穿的鞋子。船帆上的长绳好比鹰或雕的筋骨，那么船头的大桨就是开路先锋，船尾舵就是三军统帅，而船锚则起安营扎寨的作用。

原文

　　粮舡初制，底长五丈二尺，其板厚二寸，采巨木楠为上，栗次之。头长九尺五寸，梢长九尺五寸，底阔九尺五寸，底头阔六尺，底梢阔五尺，头伏狮阔八尺，梢伏狮阔七尺，梁头一十四座。龙口梁阔一丈，深四尺。使风梁阔一丈四尺，深三尺八寸。后断水梁阔九尺，

▲漕舫

深四尺五寸。两厢共阔七尺六寸。此其初制，载米可近二千石（交兑每只止足五百石）。后运军造者，私增身长二丈，首尾阔二尺余，其量可受三千石。而运河闸口原阔一丈二尺，差可度过。凡今官坐舡，其制尽同，第窗户之间宽其出径，加以精工彩饰而已。

粮船最初的形体构造，是船底长五丈二尺，船板厚二寸，采用巨大的楠木为上等材料，其次才是栗木。船头长九尺五寸，船尾长九尺五寸。船底宽九尺五寸，船底前部宽六尺，船底尾部宽五尺，船头的卧狮宽八尺，船尾的卧狮宽七尺。船上共有大梁十四根，靠近船头的龙口梁长一丈，高出船底四尺，支撑桅杆的使风梁长一丈四尺，高出船底三尺八寸。船尾部的断水梁长九尺，高出船底四尺五寸。船上的两个粮仓都宽七尺六寸。这都是漕船的最早的构造。这种构造的船，每艘可以运输近二千石（但每船交纳五百石即足）的粮食。后来为运输军粮造船的人，私自把船身增长大约二丈，首尾增宽二尺多，这样装载的粮食可达三千石。而运河闸口原来只有一丈二尺的宽度，这种船还可以勉强驶过。现在官吏乘坐的客船，形式与这种船完全相同，只是把楼舱上的门窗加大了一些，并加上了一些精工彩饰而已。

凡造舡先从底起，底面傍靠墙，上承栈、下亲地面。隔位列置者曰梁，两傍峻立者曰樯。盖樯巨木曰正枋，枋上曰弦。梁前竖桅位曰锚坛，坛底横木夹桅本者曰地龙。前后维曰伏狮，其下曰拿狮，伏狮下封头木曰连三枋。舡头面中缺一方曰水井（其下藏缆索等物）。头面眉际树两木以系缆者曰将军柱。舡尾下斜上者曰草鞋底，后封头下曰短枋，枋下曰挽脚梁，舡梢掌舵所居其上曰野鸡篷（使风时，一人坐篷巅，收守篷索）。

译文

　　造船要先从船底造起，在船底两边立起船壁，船壁支撑上面的栈扳（甲板），船壁下部贴近船底。相隔一定距离横架在两壁之间的木头叫梁，船底两旁高高挺立的立柱叫船墙（船壁）。构成船壁的巨木叫做正枋，枋的上部叫弦。梁前竖立桅杆的部位叫做锚坛，锚坛下面的横木用来夹住桅杆的部位叫做地龙。船前后各有一根连接船壁的大横木，称作伏狮，伏狮下两边的侧木是拿狮。伏狮下面封密船头的木板叫连三枋（拦浪板）。在船头甲板中间打开一个方形的洞口，叫水井（下面装缆绳等物）。船头甲板两边立起两根系缆绳的木桩是将军柱。船尾下面船底两边从下向上倾斜的船壁叫草鞋底，船尾封尾木下的部位是短枋，枋下是挽脚梁，船尾掌舵人在上面站立的地方叫做野鸡篷（扬帆时，有人坐在篷顶，操纵帆绳）。

　　凡舟身将十丈者，立桅必两。树中桅之位，折中过前二位，头桅又前丈余。粮舡中桅，长者以八丈为率，短者缩十之一二。其本入窗内亦丈余，悬篷之位约五六丈。头桅尺寸则不及中桅之半，篷纵横亦不敌三分之一。苏、湖六郡运米，其舡多过石瓮桥下，且无江、汉之险，故桅与篷尺寸全杀。若湖广、江西省舟，则过湖冲江，无端风浪，故锚、缆、篷、桅必极尽制度而后无患。凡风篷尺寸，其则一视全舟横身，过则有患，不及则力软。

译文

　　如果船身接近十丈，必须立两根桅杆。中桅立在船的中间部位，并且向前过两根梁，从中桅距离船头一丈远的地方，再立一个船头桅杆，也就是头桅。粮船的中桅，长的以八丈长作为标准，短的缩小十分之一或十分之二。桅杆进入窗内（舱楼顶至舱底）也有一丈多，悬帆的部位大约占去五六丈。船头桅杆的长度不到中桅的一半，其帆的长宽大小也不到中桅的三分之一。苏州、湖州（今吴兴）一带六县运来的米，其粮船多数要经过石拱桥，且无长江、汉水之险，故桅杆与船帆的大小都可以减小一些。经过湖广（湖北、湖南）、江西等省的漕船，在过湖穿江的时候会无故掀起风浪，所以船锚、缆绳、帆、桅都必须严格依照规定的尺寸制作才不会有后患。风帆的尺寸大小取决于全船的宽度，尺寸过大则有危险，不足则风力不够。

原文

凡舡篷其质乃析篾成片织就，夹维竹条，逐块折叠，以俟悬挂。粮舡中桅篷，合并十人力方克凑顶，头篷则两人带之有余。凡度篷索，先系空中寸圆木关捩于桅巅之上，然后带索腰间，缘木而上，三股交错而度之。凡风篷之力，其末一叶敌其本三叶。调匀和畅，顺风则绝顶张篷，行疾奔马。若风力涝至，则以次减下（遇风鼓急不下，以钩搭扯），狂甚则只带一两叶而已。

译文

船帆的材料是用破开的竹片编成的，用绳编织竹片，一块块地折叠好，以后就可以悬挂了。粮船的中桅帆需要十人的力量才能升到桅顶上，而船头帆只需两个人就足够了。挂帆绳的时候，先把用一寸多粗的中空圆木做成的滑轮系在桅杆顶上，再把绳索带在腰间，顺着桅杆爬上去，把三股绳子相互交错，穿过滑轴挂绳处。风帆顶端的一叶所承受的风力相当下面的三叶。把风帆调整匀称、顺当，在顺风的时候，就可以把帆

▶ 粮船

放到最大，则船行的速度快如骏马。如果风力不断增大，就要逐步减少张开的帆叶（遇到大风，帆叶鼓得厉害不能迅速降下时，可以用搭钩扯下）。风猛烈的时候，只需张一二叶就可以了。

原文

凡风从横来，名曰抢风。顺水行舟，则挂篷"之、玄"游走，或一抢向东，止寸平过，甚至却退数十丈。未及岸时，捩舵转篷，一抢向西，借贷水力兼带风力轧下，则顷刻十余里。或湖水平而不流者，亦可缓轧。若上水舟，则一步不可行也。凡船性随水，若草从风，故制舵障水，使不定向流，舵板一转，一泓从之。

译文

借横向吹来的风使船前行，叫做抢风。如果顺水行船，就升起船帆按照"之"或"玄"字形的曲折航线行驶。船抢风向东航行时，如果只能平过对岸，甚至向后退几十丈，此时趁船还没有到达对岸，立刻转舵，并把船帆转向另一舷，也就是把船抢向西驶，借水力和风力相抵，船照着斜向前进，一下子就能航行十多里。要是在平静的湖水中行船，也可以借水力、风力缓缓相抵，向前行驶。如果逆水行船，再遇到横风，就寸步难行了。船顺着水流航行，就像草随风飘动一样，所以用船舵来拦截水流，使水不按固定方向流动，因为舵板一转就会使一股水流顺从其方向流动。

凡舵尺寸，与船腹切齐。若长一寸，则遇浅之时，舡腹已过，其梢尾舵使胶住，设风狂力劲，则寸木为难不可言。舵短一寸，则转运力怯，回头不捷。凡舵力所障水，相应及船头而止，其腹底之下，俨若一派急顺流，故船头不约而正，其机妙不可言。舵上所操柄，名曰关门棒，欲船北，则南向掞转，欲船南，则北向掞转。船身太长而风力横劲，舵力不甚应手，则急下一偏披水板，以抵其势。凡舵用直木一根（粮船用者围三尺，长丈余）为身，上截衡受棒，下截界开衔口，纳板其中如斧形，铁钉固栓以障水。稍后隆起处，亦名曰舵楼。

舵的尺寸是否合适，要看下端是否与船底取平。如果舵长出一寸，当经过水浅处时，船身已经过去，而船尾的舵却被卡住。假如遭遇狂风，则多出的一寸之木造成的困难就无法形容了。如果舵短一寸，那么转动力就会不足，船不能及时调转方向。船舵拦截水流的能力范围，到船头就止住了，船底下的水仍然像一股顺着水流方向的急流，故船头自然会依照正确方向行进，其中的道理妙不可言。舵上操纵用的杆叫关门棒，要使船向北行驶，就把关门棒向南转；要使船向南行驶，就把关门棒向北转。如果船身太长而横向吹来的风又很大，舵力不那么好用，这时要快速放下一块披水板，用来和风势相抵。一般用直木作为船舵（粮船用的直木围长三尺、长一丈多），舵的上部横插关门棒，下部锯开接口，以便于装上斧形的舵板，再用铁钉钉牢，就可以用来拦截水了。船尾凸起的地方，也叫舵楼。

凡铁锚所以沉水系舟。一粮船计用五六锚，最雄者曰看家锚，重五百斤内外，其余头用二枝，稍用二枝。凡中流遇逆风，不可去又不可泊（或业已近岸，其下有石非沙，亦不可泊，唯打锚深处），则下锚沉水底，其所系纻，缠绕将军柱上，锚爪一遇泥沙，扣底抓住。十分危

▲锤制铁锚

急，则下看家锚。系此锚者名曰"本身"，盖重言之也。或同行前舟阻滞，恐我舟顺势急去，有撞伤之祸，则急下稍锚提住，使不迅速流行。风息开舟，则以云车绞缆提锚使上。

铁锚的作用，就是船沉在水里时，把船系住稳定好。一艘粮船共用五六个铁锚，最大的叫做看家锚，重五百斤左右，其余的锚，在船头用二个，在船尾也用二个。船在中流遇上逆风，既不可前行又不能靠岸停靠的时候（或已经靠岸，但是水底有石头而不是沙土，也不能停靠，只有在水深的地方抛锚），就要把锚沉到水底去。系锚的绳子缠绕在将军柱上，锚爪遇到泥

沙就可以深入底部稳当下来。情况十分危急时，要下"看家锚"。系住这个锚的缆绳叫做"本身"（命根），这是就它的重要性而言的。有时本船被前面同一航向的船阻挡，为防止本船顺势急速通过有撞伤的危险，就要急忙下船尾锚拖住船身，使之不能快速驶过。风平静下来再开船，要用云车绞动缆绳把锚提上来。

凡船板合隙缝，以白麻斫絮为筋，钝凿扱入，然后筛过细石灰，和桐油春杵成团调艌。温、台、闽、广即用蛎灰。凡舟中带篷索，以火麻秸（一名大麻）绚绞，粗成径寸以外者，即系万钧不绝。若系锚缆，则破析青篾为之。其篾线入釜煮熟，然后纠绞。挽纤篾亦煮熟篾线绞成，十丈以往，中作圈为接驱，遇阻碍可以掐断。凡竹性直，篾一线千钧。三峡入川上水舟，不用纠绞篾缆，即破竹阔寸许者，整条以次接长，名曰火杖。盖沿崖石棱如刃，惧破篾易损也。

密合船板的隙缝，要用剁碎的白麻絮做成麻筋，用钝凿把麻筋塞入隙缝中，然后把筛过的细石灰和桐油搅拌成团状，再填充船缝。浙江温州、台州与福建、广东用蛎灰代替石灰。船上系船帆的绳索，用火麻（一名大麻）秸纠绞而成，直径达一寸以上的粗绳，即使系住重达万斤的东西也不会断。系锚的缆绳，以破析的青竹做成，其蔑线放进锅里煮熟，然后再纠绞。拉船的纤绳也是把篾线煮熟后纠绞，绳子长达十丈以上的时候，中间作圈当做接环的部分，遇到障碍可以掐断。竹性笔直，一条篾线可以承受千斤重量。通过长江三峡进入四川的水上行船，不用纠绞的纤绳，而是直接把竹破成一寸多宽的整条竹片，互相衔接，名叫火杖。因为沿岸的石崖如刀刃一般锋利，可以防止蔑绳被损坏。

凡木色，桅用端直杉木，长不足则接，其表铁箍逐寸包围。舡窗前道，皆当中空阙，以便树桅。凡树中桅，合并数巨舟承载，其末长缆系表而起。梁与枋樯用楠木、槠木、樟木、榆木、槐木（樟木春夏伐者，久则粉蛀），栈板不拘何木，舵杆用榆木、榔木、槠木，关门棒用稠木、榔木，橹用杉木、桧木、楸木。此其大端云。

造船用的木料，做桅杆要用匀称笔直的杉木，长度不足就接长，杉木表面用铁箍逐寸包紧。船楼前面要空出一些地方，用来架立桅杆。架立中桅时，要拼合几条大船来承载，桅杆末端用长绳系住并吊起。船上的梁、枋与船壁要用楠木、槠木、樟木、榆木、槐木（樟木要用春夏两季砍伐的，如果放时间太长就会蛀坏），船底和甲板用什么木料都可以，但舵杆要用榆木、榔木、槠木，关门棒要用稠木、榔木，船桨要用杉木、桧木、楸木。这是用木料的大体情况。

海舟

凡海舟，元朝与国初运米者曰遮洋浅船，次者曰钻风船（即海鳅）。所经道里止万里长滩、黑水洋、沙门岛等处，若无大险。与出使琉球、日本暨商贾爪哇、笃泥等舶制度，工费不及十分之一。凡遮洋运舡制，视漕舡长一丈六尺，阔二尺五寸，器具皆同，唯舵杆必用铁力木，舱灰用鱼油和桐油，不知何义。凡外国海舶制度大同小异。闽、广（闽由海澄开洋，广由香山嶼）洋舡，截竹两破排栅，树于两旁以抵浪。登、莱制度又不然。倭国海舶两旁列橹手栏板抵水，人在其中运力。朝鲜制度又不然。

元朝和本朝（明朝）初年使用的运粮海船叫做遮洋浅船，小一些的叫做钻风船（即海鳅船）。所经过的航道仅仅限于万里长滩、黑水洋及沙门岛等地方，似乎没有遇到过大的风险。制造这类船所需人工及成本，还不到出使琉球、日本及去爪哇、笃泥等经商所用船制造成本的十分之一。运粮的遮洋船都比漕船长一丈六尺，宽二尺五寸，船上的设施都一样，只是制作舵秆必须采用铁力木，填充船缝要用鱼油和桐油，不知道是为什么。外国海船的形状、大小，大概也都是这样。福建、广东两地的海船［福建是从海澄开航，广东从香山墺（今澳门）开航］，把竹子破成两半做成排栅，放在船的两边用来抵挡海浪。山东登州（今蓬莱）、莱州的海船则不是这样的构造形式。日本国海船两旁排列的船橹，相当于挡水用的栏板，人在船的两侧用力划桨。朝鲜海船构造又有所不同。

原文

至其首尾各安罗经盘以定方向，中腰大横梁出头数尺，贯插腰舵，则皆同也。腰舵非与稍舵形同，乃阔板斫成刀形，插入水中，亦不捩转，盖夹卫扶倾之义。其上仍横柄拴于梁上，而遇浅则提起，有似乎舵，故名腰舵也。凡海舟以竹筒贮淡水数石，度供舟内人两日之需，遇岛又汲。其何国何岛合用何向，针指示昭然，恐非人力所祖。舵工一群主佐，直是识力造到死生浑忘地，非鼓勇之谓也！

译文

海船的首尾都要安装罗经盘以确定船的航向，船腰中部的大横梁伸出船外几尺，以便穿插腰舵，各种海船在这方面都是一样的。腰舵与尾舵形状不同，它是做成刀形的宽板，然后插入水中，并不转动，这样可以防止船身倾斜。腰舵上部还用横柄拴在梁上，经过浅水处就把腰舵提起，有点儿像舵，所以称之为腰舵。海船上都用竹筒贮藏数石淡水，可以供船上的人饮用两日，遇到岛屿再弄些淡水作为补充。船行到什么国家什么岛屿，应该把船驶向什么航向，罗经盘上的指针就会做出明确的指示，依靠人力恐怕不能做到这一点。舵手是航船的核心人物，其见识与魄力简直可以把生死置之度外，并非鼓足一时的勇气就能做到。

车

凡车利行平地，古者秦、晋、燕、齐之交，列国战争必用车，故"千乘"、"万乘"之号，起自战国。楚汉血争，而后日辟。南方则水战用舟，陆战用步、马，北膺胡虏，交使铁骑，战车遂无所用之。但今服马驾车以运重载，则今日骡车，即同彼时战车之义也。

平地利于战车快速运行。战国时代（前475—前221），秦、晋、燕、齐等诸侯国打仗，必须使用战车，因此从战国开始就有了"千乘"、"万乘"之国的说法。从秦末项羽、刘邦激战后，战车的使用就逐渐减少了。南方水战使用船只，陆战就用步兵和骑兵。北方与游牧民族作战，双方都使用铁骑

▲周朝大夫所乘墨车

（骑兵），战车就没有用武之地了。如今人们驭马架车都是用来运载重物，而现在的骡马车和以前的战车，在构造方面和原理都是相同的。

凡骡车之制，有四轮者，有双轮者，其上承载支架，皆从轴上穿斗而起。四轮者前后各横轴一根，轴上短柱起架直梁，梁上载箱。马止脱驾之时，其上平整，如居屋安稳之象。若两

轮者马驾行时，马曳其前，则箱地平正。脱马之时则以短木从地支撑而住不然则敧卸也。

骒马车的构造形式，有四轮的，有双轮的，车上承载的支架，都是从轴上穿孔，然后连接起来。四轮骒马车前后都装有一根横轴，轴上的短柱上架有笔直的横梁，横梁上装车厢。当骒马停下，从车上卸下的时候，车身依然端平，就像房屋那样安稳。如果双轮车驾马行走时，马在前面拉车，所以车厢也是平稳的。然而卸马时要用短木支撑在车的前部，否则，车身前部就会倒在地上。

原文

凡车轮一曰辕（俗名车陀）。其大车中毂（俗名车脑），长一尺五寸（见《小戎》朱注），所谓外受辐、中贯轴者。辐计三十片，其内插毂，其外接辅。车轮之中，内集辐、外接辋，圆转一圈者，是曰辅也。辋际尽头则曰轮辕也。凡大车脱时，则诸物星散收藏。驾则先上两轴，然后以次间架。凡轼、衡、

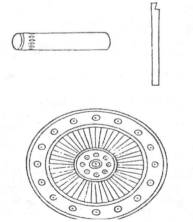

▶ 车制

軝、軏，皆从轴上受基也。

车轮又名叫辕（俗称车陀）。大车车轮中心的毂（俗名车脑），长一尺五寸（见《诗经·小戎》朱子注），人们所说的毂，就是外边承受辐条、当中插入车轴的部件。每个车轮中的辐条共有三十根，这些辐条的内端插入毂中，外端都与辅相连接。车轮中的辅，就是内侧集中了辐条、外侧与辋（轮圈）相连的圆圈形状的部件。轮圈的最外的部分叫做轮辕。大车不用时，就把一些大部件拆开收藏。驾车时先装上两个车轴，再依次装上其他的部件。轼、衡、軝、軏等部件，都是从轴上安装起来的。

凡四轮大车量可载五十石，骡马多者或十二挂，或十挂，少亦八挂。执鞭掌御者居箱之中，立足高处。前马分为两班（战车四马一班，分骖、服）。纠黄麻为长索，分系马项，后套总结收入衡内两旁。掌御者手执长鞭，鞭以麻为绳，长七尺许，竿身亦相等。察视不力者，鞭及其身。箱内用二人踹绳，须识马性与索性者为之。马行太紧，则急起踹绳，否则翻车之祸从此起也。凡车行时，遇前途行人应避者，则掌御者急以声呼，则群马皆止。凡马索总系透衡入箱处，皆以牛皮束缚，《诗经》所谓"胁驱"是也。

译文

四轮大车可以承载五十石的重物，驾车的骡马多则十二匹或十四，少的也有八匹。拿着鞭子驾车的人站在车厢里居高临下。车前的马分为两组（战车把四匹马分为一组，最外边的两匹叫骖，里面的两匹叫服）。把黄色的大麻做成长绳系在马的脖子上，套马的绳在后面合拢并深入到衡（车辕头上的横木）的两旁。赶车人手握长鞭赶车，做鞭子用麻绳，长七尺，鞭的杆子也七尺长。发现有的马不用力时，就鞭打它。车厢里由熟习马的习性和控制绳索的两个人踩绳。如果马跑得太决，就要踩住缰绳，否则会有翻车的危险。车行走的时候，前面遇到行人应该躲避，赶车人要急忙发出吆喝声，所有的马都停下来。马的缰绳要收拢，穿过车辕横木深入到车厢，都用牛皮条绑紧，这就是《诗经》中所说的"胁驱"。

原文

凡大车饲马，不入肆舍，车上载有柳盘，解索而野食之。乘车人上下皆缘小梯。凡遇桥梁中高边下者，则十马之中，择一最强力者系于车后。当其下坂，则九马从前缓曳，一马从后竭力抓住，以杀其驰趋之势，不然则险道也。凡大车行程，遇河亦止，遇山亦止，遇曲径小道亦止。徐、兖、汴梁之交，或达三百里者，无水之国，所以济舟楫之穷也。

大车在途中需要喂马的时候，不必把马赶到马棚里去，因为车上的柳条筐里装着饲料，把缰绳解开以后可以就地喂马。乘车人上车下车时都要蹬小梯子。乘车经过坡度较大的桥，从桥梁最高处往下走的时候，要在十匹马中挑一匹最有力的留在车后。当车下坡时，九匹马在前面缓缓拉车，一匹马在后边尽力把车拖住，以减少车快行的趋势，否则就会发生危险。大车行驶时，遇到河要停下，遇到山也要停下，遇到弯曲的小道更要停下。江苏徐州、山东兖州、河南汴梁（今开封）境内行车路程可达三百里，在没有江河的地区，可弥补水运不足造成的不便。

原文

凡车质惟先择长者为轴，短者为毂，其木为槐、枣、檀、榆（用榔榆）为上。檀质太久劳则发烧，有慎用者，合抱枣、槐，其至美也。其余轸、衡、箱、轭，则诸木可为耳。此外，牛车以载刍粮，最盛晋地。路逢隘道，则牛颈系巨铃，名曰"报君知"，犹之骡车群马尽系铃声也。

译文

造车用的木材首先要选择长木制作轴，短木制作毂，槐木、枣木、檀木、榆木（用榔榆）都是造船的上等材料。檀木使用时间太长会因为摩擦而发热，所以谨慎的人选用合抱的枣木、槐木，这是最好的制作车轴的木料。其余像轸、衡、箱、轭等部件，用各种木料都可以。此外，用牛车运载粮草，这种现象在山西最为盛行，半路遇到狭窄的小路，就在牛脖子上系一个大铃铛，名叫"报君知"，就像骡车和马群都系上铃铛一样。

又北方独辕车，人推其后，驴曳其前，行人不耐骑坐者，则雇觅之。鞠席其上，以蔽风日。人必两旁对坐，否则欹倒。此车北上长安、济宁，径达帝京。不载人者，载货约重四五石而止。其驾牛为轿车者，独盛中州。两旁双轮，中穿一轴，其分寸平如水。横架短衡，列轿其上，人可安坐，脱驾不欹。其南方独轮推车，则一人之力是视。容载二石，遇坎即止，最远者止达百里而已。其余难以枚述。但生于南方者不见大车，老于北方者不见巨舰，故粗载之。

另外，北方还有独轮车，这种车行进要靠人在后面推，驴在前面拉，不习惯长期骑马的人，经常租用这种车。车上有半圆形的席棚，用来遮挡风吹日晒。人必须在两侧相对而坐，不然车就会跌倒。在北方，这种车从陕西长安（今西安）、山东济宁出发，可直接到达北京。不载人的时候，车上约可以装下四五石重的货物。还有一种牛拉的轿车，只是盛行于河南。这种车两旁装有双轮，中间穿一车轴，车轴的装置如水一般平稳。在车辕上横架一些短木，把轿装在上面，人可以安稳地坐在轿子里面，卸了牛车也不会倒。南方的独轮手推车，一个人就可以推走。可以载重二石，但遇到坎坷地段就不得不停下来，这种车最远只能走百里路程。其他的各种车很难一一列举。只因南方人没有见过大车，而北方人又没见过大船，所以在这里作一个粗略的介绍。

佳兵

宋子曰：兵非圣人之得已也。虞舜在位五十载，而有苗犹弗率。明王圣帝，谁能去兵哉？

原文

宋子曰：兵非圣人之得已也。虞舜在位五十载，而有苗犹弗率。明王圣帝，谁能去兵哉？"弧矢之利，以威天下"，其来尚矣。为老氏者，有葛天之思焉。其词有曰："佳兵者，不祥之器。"盖言慎也。

译文

宋子说，兵器是圣人迫不得已才会使用的。古时虞舜帝在位五十年（约前2255—前2206），而苗人还是不归附。哪一个圣明的君主能放弃使用兵器呢？"兵器的作用在于威慑天下"，这种说法很早就有了。但一般人们认为，老子有葛天氏的思想，他说过这样一句话："兵器是一种不祥的器物。"这句话说明，人们要慎重使用武器。

原文

火药机械之窍，其先凿自西番与南裔，而后乃及于中国。变幻百出，日盛月新。中国至今日，则即戎者以为第一义，岂其然哉？虽然，生人纵有巧思，乌能至此极也？

译文

制造火药、火器的技术，最早是在西洋和南洋各国发展起来的，以后才传播到中国。其品种变幻百出，发展日新月异。

到了今天，中国的用兵之人把兵器放在首要位置，这大概是正确的吧！不然的话，人们纵然有各种奇思妙想，如果不重视，又怎能发展到这么高的水平呢？

弧、矢

 原文

　　凡造弓，以竹与牛角为正中干质（东北夷无竹，以柔木为之），桑枝木为两稍。弛则竹为内体，角护其外。张则角向内而竹居外。竹一条而角两接。桑弰则其末刻锲，以受弦驱。其本则贯插接榫于竹丫，而光削一面以贴角。

　　人们造弓时，用竹和牛角作为弓背中部的主干材料（东北地区无竹，就用柔韧的木料），用桑木作弓背两端的弰。弓松弛的时候竹侧向里面，而角在外面起保护作用。拉开弓时角侧向里而竹位于外面。弓背用一条完整的竹子，而角用两截组合而成。桑木弰末端要刻出缺口，才可以套上弓弦的外套。桑木用榫与竹片穿插而相互连接，把弓的一面削光滑并且贴上牛角。

原文

　　凡造弓先削竹一片（竹宜秋冬伐，春夏则朽蛀），中腰微亚小，两头差大，约长二尺许，一面粘胶靠角，一面铺置牛筋与胶而固之。牛角当中牙接（北房无修长牛角，则以羊角四接而束之；广弓则黄牛明角亦用，不独水牛也），固以筋胶。胶外固以桦皮，名曰煖靶。凡桦木关外产辽阳，北土繁生遵化，西陲繁生临洮郡，闽、广、浙亦皆有之。其皮护物，手握如软绵，故弓靶所必用。即刀柄与枪干，亦需用之。其最薄者则为刀剑鞘室也。

译文

　　造弓时先削好一片竹（竹适合在秋天砍伐，在春天、夏天砍下的竹容易腐、蛀），竹片中间稍窄一些，两头稍宽一点儿，大约二尺长。一面用胶把牛角粘上，另一面用胶粘上牛筋以起到加固作用。两段牛角相互咬合，用胶和牛筋固定住（东北没有长的牛角，则以四段羊角接扎。广东不仅用水牛角，还用透明的黄牛角）。弓的最外面再用胶粘上桦树皮，称为暖靶。桦树的出产地，在关外有辽阳，华北有河北遵化，西北有甘肃临洮，而福建、广东、浙江也都有出产。用桦皮保护物品，手握上去如同软绵一般，所以是制造弓靶的必用材料。就是刀把与枪杆的生产，也需要用桦皮。最薄的桦皮用来作刀、剑的套子。

凡牛脊梁每只生筋一方条，约重三十两。杀取晒干，复浸水中，析破如苎麻丝。胡虏无蚕丝，弓弦处皆纠合此物为之。中华则以之铺护弓干，与为棉花弹弓弦也。凡胶乃鱼脬、杂肠所为，煎治多属宁国郡。其东海石首鱼，浙中以造白鲞者，取其脬为胶，坚固过于金铁。北虏取海鱼脬煎成，坚固与中华无异，种性则别也。天生数物，缺一而良弓不成，非偶然也。

每头牛的脊梁上只生有一根细长的筋，大约重三十两。杀牛取出里面的筋，晒干以后再泡在水里，然后把牛筋破成苎麻丝那样的纤维。东北的女真族地区不出产蚕丝，弓弦都是聚合牛筋作的。中原地区则用牛筋来保护弓干，或者制作弹棉花用的弓弦。胶是用鱼鳔、杂肠制作的，大多是在宁国县熬制的。东海的石首鱼，在浙江被用来晒鱼干，这种鱼的鳔可以做成胶，比铜铁还要坚固。东北取海鱼鳔熬成的胶，与中原的胶同样坚固，只是种类不一样。这些天然的物品，缺少一样都不能做成良弓，这不是偶然的。

凡造弓初成坯后，安置室中梁阁上，地面勿离火意。促者旬日，多者两月，透干其津液，然后取下磨光，重加筋、胶与漆，则其弓良甚。货弓之家不能俟日足者，则他日解释之患因之。凡弓弦取食柘叶蚕茧，其丝更坚韧。每条用丝线二十余根作骨，然后用线横缠紧约。缠丝分三停，隔七寸许则空一二分不缠，故弦不张弓时，可折叠三曲而收之。往者北虏弓弦尽以牛筋为质，故夏月雨雾，妨其解脱，不相侵犯。今则丝弦亦广有之。涂弦或用黄蜡，或不用亦无害也。凡弓两弰系驱处，或切最厚牛皮，或削柔木如小棋子，钉粘角端，名曰垫弦，义同琴轸。放弦归返时，雄力向内，得此而抗止，不然则受损也。

制弓开始造成弓坯后，要放在屋里梁阁高处，地面上不断用火烘烤。时间最短用十天，最长用两个月，等其中水分烘干以后，然后拿下来磨光，重新加上牛筋、胶和漆，这样造出的弓质量就很好。卖弓的人家如果不等烘烤时期足够就卖弓，那必然会使得制成的弓日后变得松解。弓弦是用吃柘叶的蚕的茧丝做成的，这种丝更加坚韧一些。每条弦用二十多根丝线作骨架，然后用线横向绑紧。缠丝时分为三段，每隔大约七寸就空出一二分不缠，因此当弓不拉开时，可以把弦折成三截收藏起来。以前东北女真族地区弓弦都是用牛筋做原料，所以在夏季的雨雾天气，因为这种弓弦吸潮变松，所以女真族就不出兵侵犯。现在丝弦也到处有了。用黄蜡涂在弦上也可以防潮，不用也没有害处。弓两端系弦的部位，要用最厚的牛皮或软木做成小棋子形状的垫子，用胶紧紧粘在牛角末端，名为垫弦，其作用和琴轸一样。放箭后，弓弦向里的反弹力量很大，有了垫弦便就可以抵消这种力量，否则弓身会受损。

凡造弓视人力强弱为轻重。上力挽一百二十斤，过此则为虎力，亦不数出。中力减十之二三，下力及其半。毂满之时，皆能中的。但战阵之上，洞胸彻札，功必归于挽强者。而下力倘能穿杨贯虱，则以巧胜也。凡试弓力，以足踏弦就地，秤钩搭挂弓腰，弦满之时，推移秤锤所压，则知多少。其初造料分两，则上力挽强者，角与竹片削就时，约重七两。筋与胶、漆与缠约丝绳约重八钱，此其大略。中力减十分之一二，下力减十分之二三也。

▲试弓

造弓时要根据人力的强弱来确定弓的轻重。最有力的人能拉一百二十斤的弓，超过这个限度的就是虎力，但这样的人不多。中等力量的人能拉八九十斤，力量小的只能拉六十斤左右。弓拉满弦时，都能射中目标。但是在战场上能做到穿胸透铠甲，都要依靠挽力强的射手。而力量小的如果有"穿杨贯虱"的本事，也能够以巧取胜。试弓力时，用脚把弓弦踩在地上。再把秤构挂在弓腰上，弦满的时候移动杆锤测量，就可以知道弓力的大小。造弓材料的重量，挽力强的上等弓，要用牛角及削好的竹片大约七两，牛筋、胶、漆与缠丝大约八钱，这是大体的情况。中等力量的弓就要减轻十分之一二，下力的弓减轻十分之二三。

凡成弓，藏时最嫌霉湿（霉气先南后北，岭南谷雨时，江南小满，江北六月，燕、齐七月。然淮扬霉气独盛）。将士家或置烘厨、烘箱，日以炭火置其下（春秋雾雨皆然，不但霉气）；小卒无烘厨，则安顿灶突之上。稍怠不勤，立受朽解之患也。（近岁命南方诸省造弓解北，纷纷驳回，不知离火即坏之故，亦无人陈说本章者。）

　　造好的弓，在收藏的时候最怕潮湿环境了（梅雨天气是从南向北逐步扩展的。开始的时间分别为：岭南是谷雨，江南是小满，江北是六月，河北、山东在七月，而在淮河，扬州地区梅雨天气最多）。有的将士之家装置烘厨、烘箱等设施，每天点炭火在下面烘干（春天和秋天下雾或下雨时也得这样做，不单是在梅雨季节）。士兵们没有烘厨，就将弓安放在灶头受烟熏热的地方。稍微一疏忽，弓就会有变松的危险。（近年来朝廷下旨，命令南方各省造弓运到北方，但这些弓又有质量问题，被纷纷退回。这就是因为人们不知道弓一旦离开温暖的环境就受损的道理，也没有人上奏事情的具体原因。）

　　凡箭笴，中国南方竹质，北方萑柳质，北虏桦质，随方不一。杆长二尺，镞长一寸，其大端也。凡竹箭削竹四条或三条，以胶粘合，过刀光削而圆成之。漆、丝缠约两头，名曰"三不齐"箭杆。浙与广南有生成箭竹，不破合者。柳与桦杆则取彼圆直枝条而为之，微费刮削而成也。凡竹箭其体自直，不用矫揉。木杆则燥时必曲，削造时以数寸之木，刻槽一条，名曰"箭端"，将木杆逐寸戛拖而过，其身乃直。即首尾轻重，亦由过端而均停也。

译文

　　制作箭杆，中国南方用竹为原料，北方用萑柳，东北用桦木，各地取材都不相同。箭杆长二尺，箭镞长一寸，这是大概情况。造竹箭杆要削竹三四条，用胶粘紧，再用刀削光滑，使其成圆形，用漆和丝线把两头缠紧，被称为"三不齐"箭杆。浙江、广东有天然生长的箭竹，不需要破开黏合就可以做成箭杆。柳杆和桦杆必须选择又圆又直的枝条才能做箭杆，稍微刮几下就可以了。竹箭杆本身就是直的，不需要再矫正。木箭杆在干燥时一定会变得弯曲，矫正的办法是找一块几寸长的木头，上面刻一条槽，名为"箭端"，把木箭杆逐寸地沿着槽拉过，杆身就会变直。就算是木杆原来头尾轻重不均，通过这样的方法也可以做出均匀平整的箭杆。

原文

　　凡箭，其本刻衔口以驾弦，其末受镞。凡镞冶铁为之（《禹贡》砮石乃方物，不适用），北虏制如桃叶枪尖，广南黎人矢镞如平面铁铲，中国则三棱锥象也。响箭则以寸木空中锥眼为窍。矢过招风而飞鸣，即庄子所谓嚆矢也。

译文

　　箭杆末端要刻出凹口才能扣在弦上，另一端安上箭头。箭头都是用铁做成（《禹贡》所载砮石箭头是进贡的方物，并不适用）。东北地区做的箭头像桃叶枪尖，广东黎族人的箭头像平面铁铲，中原地区的箭头像三棱锥。响箭以一寸长的小木中间凿有圆孔，加在箭上，箭射出后迎着风向边飞边响，就是庄子所说的"嚆矢"。

凡箭行端斜与疾慢，窍妙皆系本端翎羽之上。箭本近衔处，剪翎直贴三条，其长三寸，鼎足安顿，粘以胶，名曰箭羽（此胶亦忌霉湿，故将卒勤者，箭亦时以火烘）。羽以雕膀为上（雕似鹰而大，尾长翅短），角鹰次之，鸱鹞又次之。南方造箭者，雕无望焉，即鹰、鹞亦难得之货，急用塞数，即以雁翎，甚至鹅翎亦为之矣。凡雕翎箭行疾过鹰、鹞翎，十余步而端正，能抗风吹。北虏羽箭多出此料。鹰、鹞翎作法精工，亦恍惚焉。若鹅雁之质，则释放之时，手不应心，而遇风斜窜者多矣。南箭不及北，由此分也。

箭射出后，控制飞行速度和轨道方向，诀窍在于做好箭杆末端的箭羽。箭杆尾部靠近衔口处用胶粘上三条羽翎，各长三寸，站稳直接射出，名叫箭羽（此处的胶也怕潮湿环境，所以勤劳的将士，也常用火烘箭）。制作箭羽所用的原料以雕的翅毛最好（雕长得像老鹰，但比鹰大一些，尾巴长翅膀短），其次是角鹰翅毛，再次一点是鸱鹞翅毛。南方造箭，不能得到雕羽，连鹰和鹞的羽毛也不好得到，急用时就拿雁翎来充数，甚至也有用鹅翎的。雕翎箭飞起来比鹰翎、鹞翎箭快，飞出十余步远箭身就可以端正过来，能抗拒风力。东北地区的箭羽大多采用雕翎。鹰羽、鹞羽如果制作精细，效果也和雕羽差不多。但是射出鹅翎、雁翎箭时手不应心，遇到风便有很多飞偏的。由此可以看出，南方的箭不如北方的箭。

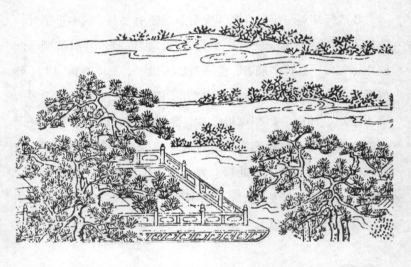

弩

凡弩为守营兵器，不利行阵。直者名身，衡者名翼，弩牙发弦者名机。斫木为身，约长二尺许，身之首横栓度翼。其空缺度翼处，去面刻定一分（稍厚则弦发不应节），去背则不论分数。面上微刻直槽一条以盛箭。其翼以柔木一条为者，名扁担弩，力最雄。或一木之下加以竹片叠承（其竹一片短一片），名三撑弩，或五撑、七撑而止。身下截刻锲衔弦，其衔旁活钉牙机，上剔发弦。上弦之时，唯力是视。一人以脚踏强弩而弦者，《汉书》名曰"蹶张材官"。弦送矢行，其疾无与比数。

弩是防守用的兵器，不利于行军作战。弩中直的部件叫弩身，横的部件叫弩翼，扣弦发箭的机关叫弩机。砍木做成弩身，大约长二尺，弩身前部横着拴上两个翅膀，穿孔安弩翼的地方距弩身的上面大约一分厚（稍微厚些，拉弦发箭就配合得不准），和弩身下部的距离没有固定的尺寸。弩的表面上要轻微地刻一条直槽，用来放置箭枝。有的弩用一条软木做成弩翼，人们称之为扁担弩，弹力最大。也可以在一根木条下面加上叠在一起的竹片（竹片按顺序一片比一片短）做成弩翼的，叫做三撑弩，最多不能超过五撑、七撑。弩身的后半部分刻一个缺口用来扣弦，旁边钉上活动

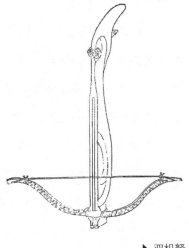

▶双机弩

扳机，向上一推就能发弦射箭。上弦时全部靠人力来进行。由一个人脚踏上弦的强弩，《汉书》中称之为"蹶张材官"。弩弦将箭射出去，飞行速度奇快无比。

　　凡弩弦以苎麻为质，缠绕以鹅翎，涂以黄蜡。其弦上翼则谨，放下仍松，故鹅翎可扱首尾于绳内。弩箭羽以箬叶为之。析破箭本，衔于其中而缠约之。其射猛兽药箭，则用草乌一味，熬成浓胶，蘸染矢刃。见血一缕则命即绝，人畜同之。凡弓箭强者行二百余步，弩箭最强者五十步而止，即过咫尺不能穿鲁缟矣。然其行疾则十倍于弓，而入物之深亦倍之。

　　弩弦以苎席为制作原料，用鹅翎缠绕在上面，并涂上黄蜡。把弦装到翼上以后拉起来就很紧，但放下来仍然是松的，所以鹅翎头尾都可以聚合夹在麻绳中。弩的箭羽用箬叶做成，箭杆下部破开一点然后将箭羽夹进里面并且缠紧。射猛兽用的毒箭，就用草乌头熬制成浓胶，蘸染在箭头上。这种箭射出后见到血就能致命，人和动物都一样。强弓可把箭射出二百多步的距离，强弩最强也只能射到五十步，再超过五十步就不能穿过"鲁缟"了。然而弩的飞行速度比弓要大十倍，射入物体的深度也大出一倍。

原文

　　国朝军器造神臂弩、克敌弩，皆并二矢、三矢者。又有诸葛弩，其上刻直槽，相承函十矢，其翼取最柔木为之。另安机木，随手扳弦而上，发去一矢，槽中又落下一矢，则又扳木上弦而发。机巧虽工，然其力绵甚，所及二十余步而已。此民家妨窃具，非军国器。其山人射猛兽者，名曰窝弩，安顿交迹之衢，机旁引线，俟兽过带发而射之。一发所获（一兽而已）。

译文

　　本朝军器监曾造出神臂弩、克敌弩，都可以同时发出二三支箭。又有诸葛弩，上面刻有直槽，可以装入十支箭，其弩翼是用最柔韧的木料做成。另外还装有木制的弩机，随手扳机就可以上弦。发出一枝箭，槽中又会落下一枝，接着又扳木机上弦发箭。这种弩虽很精巧，但力量非常小，只能射出二十余步的距离。这是普通百姓家里预防盗窃的工具，而不是打仗用的兵器。还有山区居民射猛兽用的弩，叫窝弩，安放在野兽出没的路上，机上安有引线，等野兽经过的时候，一拉线箭立即射出去。一箭所得到的，不过是一只野兽而已。

火药料

原文

　　火药、火器，今时妄想进身博官者，人人张目而道，著书以献，未必尽由试验。然亦粗载数页，附于卷内。凡火药以消石、硫黄为主，草木灰为辅。消性至阴，硫性至阳，阴阳两神物相遇于无隙可容之中。其出也，人物膺之，魂散惊而魄齑粉。凡消性主直，直击者消九而硫一。硫性主横，爆击者消七而硫三。其佐使之灰，则青杨、枯杉、桦根、箬叶、蜀葵、毛竹根、茄秸之类烧使存性，而其中箬叶为最燥也。

▶火器

译文

　　火药和火器，当今企图当官升迁的人，个个都大肆议论，著书上奏朝廷，但他们所说的不一定都被试验过。但是这里也要粗略地记载几页，附加在本卷里。火药以硝石、硫黄为主要原料，木炭是辅助成分。硝石性属至阴，而硫黄性属至阳，这两种至阴至阳的物质在一个没有空隙的空间相遇，爆炸起来，人或动物遭遇到这种状况时都会立即粉身碎骨、魂飞魄散。硝石性起直爆（纵向爆炸）的功用，直射出的火药中硝占十分之九而硫占十分之一。硫性则是横爆（横向爆炸），所以爆炸性火药中硝石占十分之七而硫占十分之三。作为辅助成分的木炭，是用青杨、枯杉、桦根、箬叶、蜀葵、毛竹根、茄秆之类烧成的，其中箬叶木炭做成的火药威力最为猛烈。

凡火攻有毒火、神火、法火、烂火、喷火。毒火以白砒、硇砂为君，金汁、银锈、人粪和制。神火以砾砂、雄黄、雌黄为君。烂火以硼砂、瓷末、牙皂、秦椒配合。飞火以砾砂、石黄、轻粉、草乌、巴豆配合。劫营火则用桐油、松香。此其大略。其狼粪烟昼黑夜红，迎风直上，与江豚灰能逆风而炽，皆须试见而后详之。

火攻用的火药有毒火、神火、法火、烂火、喷火等。毒火药主要用砒霜、硇砂等作为主料，再与金汁、银锈、人粪等材料配制而成。神火药则主要用朱砂、雄黄、雌黄作为主要原料。烂火则用硼砂、瓷屑、牙皂、秦椒等材料配制而成。飞火则用朱砂、石黄、轻粉、草乌、巴豆等原料配成。劫营火用桐油、松香。这是大致的情况。至于狼粪烟白天变黑而晚上变红，而且能迎风直上；还有江豚灰可以逆着风向燃烧，这些特性都需要经过试验、亲眼见到后才能明白。

消石

凡消，华夷皆生，中国则专产西北。若东南贩者不给官引，则以为私货而罪之。消质与盐同母，大地之下潮气蒸成，现于地面。近水而土薄者成盐，近山而土厚者成消。以其入水即消镕，故名曰消。长、淮以北，节过中秋，即居室之中，隔日扫地，可取少许以供煎炼。凡消三所最多，出蜀中者曰川消，生山西者俗呼盐消，生山东者俗呼土消。

硝石在中国和外国都有出产，而在中国西北专产硝石。东南地区贩硝石的如果拿不到官方发下的运输和销售证件，就以贩卖私货罪论处。硝石与食盐在本质上同属盐类，被大地潮气蒸发，然后出现在地面上。在靠近水源而土层稀薄的地方成为食盐，在靠近山区而土层深厚的地方成为硝石。因硝进水里以后立即消融，所以一度被命名为"消石"。长江、淮河以北每年中秋节以后，就算在屋里隔一天扫一次地，也可取得少量的硝来煎炼。硝石在三个地方出产的最多，出产于四川的叫川硝，出产于山西的俗称盐硝，出产于山东的俗呼土硝。

原文

凡消刮扫取时（墙中亦或进出），入缸内水浸一宿，秽杂之物浮于面上，掠取去时，然后入釜注水煎炼。消化水干，倾于器内，经过一宿，即结成消。其上浮者曰芒消，芒长者曰马牙消（皆从方产本质幻出），其下猥杂者曰朴消。欲去杂还纯，再入水煎炼。入莱服数枚全煮熟，倾入盆中，经宿结成白雪，则呼盆消。凡制火药，牙消、盆消功用皆同。凡取消制药，少者用新瓦焙，多者用土釜焙，潮气一干，即取研末。凡研消不以铁碾入石臼，相激火生，则祸不可测。凡消配定何药分两，入黄同研，木灰则从后增入。凡消既焙之后，经久潮性复生。使用巨炮多从临期装载也。

　　把硝刮扫取来以后（土墙中也有冒出硝的），放进水缸里浸泡一夜，捞去浮在上面的污秽之物，然后放入锅里加水煎炼。等到硝石溶化水干枯时，倒进容器里面，再过一夜，就结成硝了。浮在上面的部分叫芒硝，芒长的部分叫马牙硝（都是从各地所产原料中变出的），下面沉有杂质的部分叫朴硝。要除去杂质加以提纯，便再次把硝放入水中煎煮，加入几块萝卜在锅里一起煮熟，再倒进盆里，经过一夜凝结成雪白的晶体，称为盆硝。制造火药的时候，牙硝、盆硝功用相同。用硝制造火药，火药量小就在新瓦片上烘焙，火药量大就用土锅烘焙，烘干以后就可以拿来研成粉末。研硝时不可以用铁器在石臼中碾磨，否则铁、石摩擦产生火花，造成的灾难不堪设想。硝量使用多少要按某种火药的具体配方而定，与硫放在一起磨研，最后加入木炭。硝石烘干之后，放得时间长了又容易返潮，所以大炮用的火药大多是临时装入的。

曲蘖

宋子曰：狱讼日繁，酒流生祸，其源则何辜。祀天追远，沉吟《商颂》、《周雅》之间，若作酒醴之资曲蘖也，殆圣作而明述矣。

原文

宋子曰：狱讼日繁，酒流生祸，其源则何辜。祀天追远，沉吟《商颂》、《周雅》之间，若作酒醴之资曲糵也，殆圣作而明述矣。惟是五谷菁华变幻，得水而凝，感风而化。供用岐黄者神其名，而坚固食羞者丹其色。君臣自古配合日新，眉寿介而宿痾怯，其功不可殚述。自非炎黄作祖，末流聪明，乌能竟其方术哉！

译文

宋子说，酗酒过度便滋生祸害，所以打官司的人日渐增多，但祸根还不在酒曲的制造上。古人祭天祭祖必须献上美酒，在仪式和宴会上吟诵《商颂》、《周雅》中的诗歌、乐章时，要饮酒来尽兴。酿酒就必须要依靠酒曲，这在古代圣贤的著作里都有所阐述。酒曲是用五谷精华用水提炼、遇风变化，从而制造出来的。提供给医药生产用的酒曲叫做神曲，保持食物美味并呈红色的酒曲叫做丹曲。制药曲的时候，主料和辅料的配合方法，自古以来都是不断更新的，在助人长寿、医治顽疾等方面的功用，实在是不胜枚举。如果没有我们的祖先炎帝神农氏和黄帝轩辕氏开创的事业，还有后来人的聪明智慧，怎会使这种技术发展到如此完善的程度呢！

酒母

原文

凡酿酒，必资曲药成信。无曲即佳米珍黍，空造不成。古来曲造酒，蘖造醴。后世厌醴味薄，遂至失传，则并蘖法亦亡。凡曲，麦、米、面随方土造，南北不同，其义则一。凡麦曲，大、小麦皆可用。造者将麦连皮井水淘净，晒干，时宜盛暑天。磨碎，即以淘麦水和作块，用楮叶包扎，悬风处，或用稻秸掩黄，经四十九日取用。

译文

酿酒必须用曲药作为引子。没有曲就算用佳米、珍黍也造不出酒来。古时用曲造一般的酒，用蘖造甜酒。后来人们嫌甜酒味道太淡，就不再普及这种方法，制蘖酿甜酒的方法也就随着失传了。制酒曲用麦、米、面粉等原料，取料要因地制宜，南方和北方各不相同，但是道理都是一样的。作麦曲用大麦、小麦都可以。制曲的人把带皮的麦子用井水洗干净，再晒干，时间最好在盛暑时节。把麦子磨碎，用洗麦水搅拌做成块状，再用楮树叶子包扎起来悬挂在通风的地方，或者用稻草盖上使麦块发黄，四十九天以后拿出来使用。

原文

造面曲用白面五斤、黄豆伍升，以蓼汁煮烂，再用辣蓼末五两、杏仁泥十两，和踏成饼，楮叶包悬与稻秸掩黄，法亦同前。其用糯米粉与自然蓼汁溲和成饼、生黄收用者，掩法与时日亦无不同也。其入诸般君臣与草药，少者数味，多者百味，则各土各法，亦不可殚述。近代燕京则以薏苡仁为君，入曲造薏酒。浙中宁、绍则以绿豆为君，入曲造豆酒。二酒颇擅天下佳雄（别载《酒经》）。

译文

造面曲是用白面五斤、黄豆五升，用蓼汁煮烂，再用辣蓼末五两、杏仁泥十两，混合踏压做成饼，用楮叶包扎悬在高处，或用稻草掩盖使它生出黄衣，方法和前面相同。用糯米粉的时候，就把它与自然蓼汁浸泡在一起做成饼，等到长黄毛的时候收起来使用，掩盖方法和所需时间与前面叙述的情形也没什么不同。向里面加入的各种主、次配料和草药，少则几味，多则百味。各地都有其不同的方法，也不可一一述。近段时期的北京以薏苡仁为主要原料，加入酒曲可酿造出薏酒。浙江宁波、绍兴用绿豆为主要原料，在加入曲酿造出豆酒。这两种酒在国内非常有名，所以被列入列为美酒（另载入《酒经》一书里）。

原文

凡造酒母家，生黄未足，视候不勤，盥拭不洁，则疵药数丸动辄败人石米。故市曲之家必信著名闻，而后不负酿者。凡燕、齐黄酒曲药，多从淮郡造成，载于舟车北市。南方曲酒酿出即成红色者，用曲与淮郡所造相同，统名大曲。但淮郡市者打成砖片，而南方则用饼团。其曲一味，蓼身为气脉，而米、麦为质料，但必用已成曲、酒糟为媒合。此糟不知相承起自何代，犹之烧矾之必用旧矾滓云。

译文

造酒曲的人家，如果曲料长黄毛的时间不够，看管不勤快，手擦洗得不干净，只要有几粒坏曲，甚至都会轻易败坏他人满担的粮食。因此卖酒曲的人家必须诚实守信，重视信誉，才不

致辜负酿酒的人。河北、山东造黄酒的曲药，大多在淮安造成的，用舟车运输到北方。南方酿造的红色的酒，使用的曲和淮安造的一样，人们把它们统称为大曲。但淮安所卖的曲都做成砖块，而南方的曲全制成饼团。每一种酒曲都得加入蓼粉起到通气的作用，用米、麦作为基本的原料，还必须加入已经造好的曲和酒糟作为媒介。加入酒糟不知道是从什么时期传下来的，这种原理就像烧矾石的时候必须用旧矾滓一样。

丹 曲

原文

　　凡丹曲一种，法出近代。其义臭腐神奇，其法气精变化。世间鱼肉最朽腐物，而此物薄施涂抹，能固其质于炎暑之中，经历旬日，蛆、蝇不敢近，色味不离初，盖奇药也。

译文

　　有一种红曲，制作方法产生于近代。它的意义在于"化臭腐为神奇"，这种方法在于米和气的变化。人间的鱼和肉都是最容易腐烂的东西，但是用红曲在鱼肉上薄薄地涂抹一层以后，能在炎炎夏日中保持鱼肉的鲜美。放十天候，蛆和蝇都不敢接近，色味仍和原来一样鲜美，这真是一种奇药！

凡造法用籼稻米，不拘早晚。舂杵极其精细，水浸一七日，其气臭恶不可闻，则取入长流河水漂净（必用山河流水，大江者不可用）。漂后恶臭犹不可解，入甑蒸饭，则转成香气，其香芬甚。凡蒸此米成饭，初一蒸半生即止，不及其熟。出离釜中，以冷水一沃，气冷再蒸，则令极熟矣。熟后，数石共积一堆拌信。

▲长流漂米

译文

造红曲要用黏性的籼稻米，早稻和晚稻都可以用。舂米要做到极其精细，用水浸泡七天以后，发出的气味臭得让人难以忍受，那就拿出来放在流动的河水里清洗干净（必须用山河流水，不能使用大江之水）。漂洗后，恶臭之味仍然没有消除，把它放入甑中蒸一段时间，做成饭后，就变成芳香的气味了。在蒸米成饭时，先蒸至半生半熟就停下来，不要等到完全蒸熟。在离开蒸锅时，在饭上用冷水一浇，等冷却后再蒸使其熟透。

蒸熟以后，将几石米饭堆到一起放入曲种。

　　凡曲信必用绝佳红酒糟为料，每糟一斗，人马蓼自然汁三升，明矾水和化。每曲飯一石，入信二斤，乘饭热时，数人捷手拌匀，初热拌至冷。候视曲信入饭，久复微温，则信至矣。凡饭拌信后，倾人箩内，过矾水一次，然后分散入篾盘，登架乘风。后此风力为政，水火无功。

　　曲种必须用特别好的红酒糟为原料，每一斗糟加入三升马蓼原汁，再加上明矾水搅拌均匀。每一石酒糟加入二斤曲种，趁着饭热的时候，由几个人迅速拌均匀，从热拌到冷。当曲种拌到饭中，经过一段时间温度又稍微有所升高的时候，就说明曲种已经搅拌成功了。曲种拌入饭里以后，再倒进箩筐里，浇淋一次明矾水，然后分散地摊在竹盘里，放在架子上通风。此后，通风就成了关键，而水火就起不了作用了。

　　凡曲饭入盘，每盘约载五升。其屋室宜高大，妨瓦上暑气侵逼。室面宜向南，妨西晒。一个时中翻拌约三次。候视者七日之中，即坐卧盘架之下，眠不敢安，中宵数起。其初时雪白色，

変 吹 风 凉

▲ 搅拌曲种

经一二日成至黑色，黑转褐，褐转代赭，赭转红，红极复转微黄。目击风中变幻，名曰生黄曲。则其价与人物之力，皆倍于凡曲也。凡黑色转褐，褐转红，皆过水一度。红则不复入水。凡造此物，曲工盥手与洗净盘簟，皆令极洁。一毫涬秽，则败乃事也。

译文

　　把曲饭放进盘里，每盘大约盛五升。放曲饭的房子应该是高大宽敞的，防止瓦上的热气的进入。房屋应该面向南方，以防西边的日晒。每两个小时里大约翻拌三次。七天之内都要有人日夜守候着观察，坐卧在盘架的附近不敢入睡，半夜里还要起来几次。曲饭开始的时候呈现雪白色，一两天以后转为深黑色，又由黑色转成褐色，由褐色转成赤褐色，由赤褐色变为红色，至深红色最后又变成微黄色。仔细观察曲饭在空气中所经历的这一系列颜色变化的过程，叫做"生黄曲"。用这种方法制作好的红曲，价钱和所需的人力、物力都比一般的曲增加一倍。当曲饭由黑色变成褐色，再由褐色变成红色时，都要过一次水。变红以后便不能再进水。造红曲的制曲工人要勤快洗手，并将竹區和细竹席洗干净，周围的一切都要干干净净。只要有一点脏的东西落进去，都会使制曲归于失败。

珠玉

宋子曰：玉韫山辉，珠涵水媚，此理诚然乎哉？抑意逆之说也？大凡天地生物，光明者昏浊之反，滋润者枯涩之仇，贵在此则贱在波矣。

原文

　　宋子曰：玉韫山辉，珠涵水媚，此理诚然乎哉？抑意逆之说也？大凡天地生物，光明者昏浊之反，滋润者枯涩之仇，贵在此则贱在彼矣。合浦、于阗行程相去二万里，珠雄于此，玉峙于彼，无胫而来，以宠爱人寰之中，而辉煌廊庙之上。使中华无端宝藏折节而推上坐焉。岂中国辉山媚水者萃在人身，而天地菁华止有此数哉？

译文

　　宋子说：传说山藏玉则辉，水含珠则明，真有这样的道理吗？或者只是一种错误的猜想？大凡天地间的自然万物，光明和昏暗相对立，明润和苦涩相对立，推崇一方必定贬低另一方。合浦、于阗两地距离两万里，珍珠雄卧于此间，而美玉盘踞于彼处，然而珠、玉被人运送到各地，深受人们的喜爱，在宗庙、宫廷间争光夺目。它们令中华无尽的宝藏黯然失色，而被推为至尊。难道中国的大好河山哺育出来的天地精华中，能用来装饰人身的宝物仅仅只有这些吗？

珠

原文

　　凡珍珠必产蚌腹，映月成胎，经年最久乃为至宝。其云蛇腹、龙颔、鲛皮有珠者，妄也。凡中国珠必产雷、廉二池。三代以前，淮扬亦南国地，得珠稍近《禹贡》"淮夷蠙珠"，或后互市之便，非必责其土产也。金采蒲里路，元采杨村直沽口，皆传记相承妄，何尝得珠？至云忽吕古江出珠，则夷地，非中国也。

珠均生长在蚌贝的腹中，在月光的沐浴下成型，形成年月最久的便是无上的宝贝。那些所谓蛇腹、龙的下巴、鲨鱼皮中含有珍珠的说法都是没有根据的。中国的珍珠必定出于雷州（今广东海康）、廉州（今广西合浦）两地的水池。在夏、商、周三代以前，淮安、扬州地区也属于南方地区，这些地方产的珍珠与《禹贡》中记载的"淮河地区所产珍珠"类似，但也可能是通过贸易换取得来的，不一定就是当地特产。传说金代的蒲西路、元代的杨村直沽口都能采到珍珠，这都是沿袭了一些错误的记载，这些地方什么时候获取过珍珠？至于说忽吕古江出产珍珠，那是属于东北外族的地域，而非中原地区。

凡蚌孕珠乃无质而生质。他物形小而居水族者，吞噬弘多，寿以不永。蚌则环包坚甲，无隙可投，即吞腹，囫囵不能消化，故独得百年千年，成就无价之宝也。凡蚌孕珠，即千仞水底，一逢圆月中天，即开甲仰照，取月精以成其魄。中秋月明，则老蚌犹喜甚。若彻晓无云，则随月东升西没，转侧其身而映照之。他海滨无珠者，潮汐震撼，蚌无安身静存之地也。

译文

蚌孕育珍珠是一个从无形到有形的过程。体型微小的一些水生物，往往被吞食，因而寿命不长久。蚌则浑身裹有坚硬的甲壳，令外物无法侵入，即便被吞入腹中，也难以消化，所以能享受千百年的寿命，成长为无价之宝。孕育珍珠的蚌，躺在深水处，每逢皓月当空，便开壳仰望，采取月亮的精华而结成精魄。每当中秋月圆之夜，老蚌尤为欢喜，如果一整夜都没有乌云，老蚌则随着月亮东升西落的运行轨迹，翻转身体以沐浴月光。部分海滨没有珍珠，原因是受到了潮汐的侵袭，蚌没有安身静存的地方。

原文

凡廉州池自乌泥、独揽沙至于青莺，可百八十里。雷州池自对乐岛斜望石城界，可百五十里，疍户采珠，每岁必以三月，时牲杀祭海神，极其虔敬。疍户生啖海腥，入水能视水色，知蛟龙所在，则不敢侵犯。凡采珠舶，其制视他舟横阔而圆，多载草荐于上。经过水漩，则掷荐投之，舟乃无恙。舟中以长绳系没人腰，携篮投水。

译文

廉州的珍珠池从乌泥、独揽沙直到青莺，大概有一百八十里。雷州的珍珠池从对乐岛到斜对过的石城界，大概有一百五十里。沿海的居民采取珍珠，每年都会选在三月份，同时宰杀牲畜以祭祀海神，很是虔诚。沿海居民生吃海产，水性很好，熟知水下的情况。他们知道蛟龙出现的地方，所以从不侵犯。采珠船的形状和一般船相比，船身更宽近于圆形，船中载有许多草垫。遭遇漩涡时，投掷草垫入漩，船只便不至于倾覆。船上用长绳系着采珠人的腰部，然后采珠人便可带着篮子潜水采摘。

凡没人以锡造湾环空管，其本缺处对掩没人口鼻，令舒透呼吸于中，别以熟皮包络耳项之际。极深者至四五百尺，拾蚌篮中。气逼则撼绳，其上急提引上，无命者或葬鱼腹。凡没人出水，煮热毳急覆之，缓则寒慄死。宋朝李招讨设法以铁为耩，最后木柱扳口，两角坠石，用麻绳作兜如囊状，绳系舶两旁，乘风扬帆而兜取之。然亦有漂溺之患。今蜑户两法并用之。

潜入水中的采珠人带有锡制的弯管，管端的开口对准人的口鼻，使人可以在水下呼吸，此外，还用软皮包在耳颈之间。最深者可以潜入水下四五百尺，捡取蚌贝投入篮中。呼吸紧张的时候摇动绳索，船上的人则迅速拉他上来，然而命数不好的也许就会葬身鱼腹。潜水者出水后，人们则立刻用烘暖的毛毯裹在他身上，慢了潜水人就会冻死。宋代官员李招讨想出了一种采珠的方法，即做出一个铁制的耙状框架，在其末端接上木柱扳口，两侧悬有石头，再在船的两旁系上麻绳网袋，这样顺风而行便可以网住珍珠蚌。然而这也会有漂流和沉溺的隐患。海上的居民这两种方法都会用。

　　凡珠在蚌，如玉在璞，初不识其贵贱，剖取而识之。自五分至一寸五分径者为大品。小平似覆釜，一边光彩微似镀金者，此名珰珠，其值一颗千金矣。古来"明月""夜光"，即此便是。白昼晴明，檐下看有光一线闪烁不定，"夜光"乃其美号，非真有昏夜放光之珠也。次则走珠，置平底盘中，圆转无定歇，价亦与珰珠相仿（化者之身受含一粒则不复朽坏，故帝王之家重价购此）。次则滑珠，色光而形不甚圆。次则螺蚵珠，次官、雨珠，次税珠，次葱符珠。幼珠如粱粟，常珠如豌豆。琕而碎者曰玑。自夜光至于碎玑，譬均一人身而王公至于氓隶也。

　　珍珠生在蚌贝中，就如美玉在璞石中，起初无法知道珍珠的贵贱，剖取出来后才可鉴定。直径由五分到一寸五分的是大珍珠。另一种略小而扁平，如倒置的锅状，一面的光彩似乎镀过金，这种珍珠就叫珰珠，一颗就价值千金。古代所说的"明月珠""夜光珠"就是这种。白天时，此类珍珠在屋檐下看会发出一道闪烁不定的光线，所谓"夜光"是其美名，并没有真的能在黑夜中发光的珍珠。再有一种是走珠，放在平底盘中，便会转动不停，价值和珰珠相近（据说人死口中含有一颗走珠，身体便不会腐烂，因而帝王之家以重金购买走珠）。其次还有滑珠，色泽光亮但形状不是很圆；再其次还有螺蚵珠、官珠、雨珠、税珠、葱符珠等等。小的珍珠仅有米粒般大小，一般的珍珠大小如豌豆。破碎的普通珍珠称为玑。珍珠有等级分类，就像人有从王公到奴隶的等级一样。

凡珠生止有此数，采取太频，则其生不继。经数十年不采，则蚌乃安其身，繁其子孙而广孕宝质。所谓"珠徙珠还"，此煞定死谱，非真有清官感召也（我朝弘治中，一采得二万八千两，万历中一采止得三千两，不偿所费）。

珍珠的生长均有其规律，采取太过频繁，将使珍珠蚌难以再生长。历经数十年不加开采，这样蚌贝都能自然地繁衍子孙后代，从而广泛孕育出更多的珍珠。所谓"珠徙珠还"，这种说法太过荒谬，清官的感召并非真能使迁徙的珍珠又返还（我朝弘治时，有一年采得珍珠两万八千两，而万历时，一年只采得三千两，得不偿失，这就是过度开采的后果）。

宝

凡宝石皆出井中，西番诸域最盛，中国惟出云南金齿卫与丽江两处。

宝石都产自井中，中国西部的新疆地区盛产宝石，其他地区只有云南金齿卫和丽江两处出产。

凡宝石自大至小，皆有石床包其外，如玉之有璞。金银必积土其上，蕴结乃成。而宝则不然，从井底直透上空，取日精月华之气而就，故生质有光明。如玉产峻湍，珠孕水底，其义一也。

宝石不论其大小，外围都有一层石床，就像玉的外围是璞石。金、银都蕴藏在地底，长期积聚而成。宝石则不是这样，而是从井底径直透过上空，吸取日月精华而形成，因而产生之初便有光泽。就如玉产自山间湍流，珠孕育在深水底部，道理是一样的。

凡产宝之井，即极深无水，此乾坤派设机关。但其中宝气如雾，氤氲井中，人久食其气多致死。故采宝之人或结十数为群，入井者得其半，而井上众人共得其半也。下井人以长绳系腰，腰带叉口袋两条，及泉近宝石，随手疾拾入袋（宝井内不容蛇虫）。腰带一巨铃，宝气逼不得过，则急摇其铃，井上人引绳提上。其人即无恙，然已昏瞢。止与白滚汤入口解散，三日之内不得进食粮，然后调理平复。其袋内石大者如碗，中者如拳，小者如豆，总不晓其中何等色。付与琢工镳错解开，然后知其为何等色也。

出产宝石的井极深，但却没有水，这是天地独具匠心的安排。但是其中散发出来的化学气物如烟雾般弥漫在井中，人吸入久了多数会死亡。所以采宝的人通常会十几个人结群，下井的人获得一半宝石，井上众人共享另一半宝石。下井的人用长绳系在腰间，腰间挂着两个口袋，深入井底见到宝石后，便迅速拾取装入袋中（宝石井中蛇、虫难以存活，因而不必担心被咬伤）。同时，下井人的腰带上系着一个大铃铛，当感到呼吸困难的时候，则赶紧摇铃，由井上人拉上去。上去后人没有生命危险，但已经昏迷不醒。此时只需用白开水灌入口中就能解救，三天之内不能吃粮食，然后慢慢调理至恢复。袋中的宝石大的像碗，中等的像拳头，小的像豆，起初不能一一知晓宝石的成色。将其交给琢工用锉刀错解开，然后才能知道宝石的成色。

属红黄种类者，为猫精、靺羯芽、星汉砂、琥珀、木难、酒黄、喇子。猫精黄而微带红。琥珀最贵者名曰瑿（音依，此值黄金五倍价），红而微带黑，然昼见则黑，灯光下则红甚也。木难纯黄色。

喇子纯红。前代何妄人，于松树注茯苓，又注琥珀，可咲也。

红、黄一类色泽的宝石，有猫精、鞯鞨芽、星汉砂、琥珀、木难、酒黄、喇子等。猫精黄中稍带点红。琥珀最珍贵的一种是瑿（读如"依"，价值是黄金的五倍），红色略带黑，白天看是黑色，灯光下看就显得特别红。木难纯黄色。喇子纯红色。前代不知道是哪位妄言之人，在注解松树时竟说松树可以变成茯苓，又说可以变成琥珀，这真可笑啊。

属青、绿种类者，为瑟瑟珠、珇珥绿、鸦鹘石、空青之类（空青既取内质，其膜升打为曾青）。至枚瑰一种，如黄豆、绿豆大者，则红、碧、青、黄数色皆具。宝石有玫瑰，如珠之有玑也。星汉砂以上，犹有煮海金丹。此等皆西番产，其间气出，滇中井所无。时人伪造者，唯琥珀易假，高者煮化硫黄，低者以殷红汁料煮入牛羊明角，映照红赤隐然，今易最易辨认（琥珀磨之有浆）。至引草，原惑人之说，凡物借人气能引拾轻芥也。自来《本草》陋妄，删去毋使灾木。

青、绿一类色泽的宝石，有瑟瑟珠、珇珥绿、鸦鹘石、空青等（空青取自宝石的内部，其外层研成粉即为曾青）。有一种玫瑰石，形如黄豆、绿豆般大小，有红、绿、青、黄等多种颜色。宝石中有玫瑰石，就像珍珠中有珠玑一样，有优劣之分。比星汉砂高等的还有煮海金丹。这些都是西域出产的，有时会随着井中宝气出现，云南中部地区没有这些宝石。时下人为伪造的许多宝石中，唯独琥珀容易造假，技术高一点的通过煮化硫黄伪造，差一点的就直接用深红色液汁煮牛羊的角胶，在光照下，也能隐隐发出红光。如今也很容易辨别真假（琥珀摩擦时有浆）。至于说琥珀会吸引灯草，原本就是骗人的话，物体只有借用人的精气方能吸附轻微的小草。《本草》从来就浅陋虚妄，这些谬说应直接删去，不要损失了版刻木料。

玉

凡玉入中国，贵重用者尽出于阗（汉时西国号，后代或名别失八里，或统服赤斤蒙古，定名未详）葱岭。所谓蓝田，即葱岭出玉别地名，而后世误以为西安之蓝田也。其岭水发源名阿耨山，至葱岭分界两河，一曰白玉河，一曰绿玉河。晋人张匡邺作《西域行程记》，载有乌玉河，此节则妄也。

进入中原地区的玉，珍贵的都出自于阗（汉代西域古国名，后代或叫别失八里，或许附属于赤斤蒙古，具体名称不详）的葱岭一带。所谓的蓝田，是指葱岭产玉的又一处地名，然而后世误以为是西安蓝田。葱岭的河水发源于阿耨山，流至葱岭时分为两条河，即白玉河和绿玉河。晋代人张匡鄴著有《西域行程记》，其中记载有乌玉河，相关的这段记载是错误的。

原文

玉璞不藏深土，源泉峻急激映而生。然取者不于所生处，以急湍无着手。俟其夏月水涨，璞随湍流徒，或百里、或二三百里，取之河中。凡玉映月精光而生，故国人沿河取玉者，多于秋间明月夜，望河候视。玉璞堆聚处，其月色倍明亮。凡璞随水流，仍错杂乱石浅流之中，提出辨认而后知也。

译文

含玉的璞石不埋在地底，而是在山间接近源头的激流中交相辉映而生。采玉的人不会在玉石的产生地采取，因为水流湍急无从入手。等到夏天河水上涨，玉璞随着急流迁徙到一百里或二三百里之外，这时便可在河里拾取。玉是受月光中的精气而生，所以当地人沿河采玉的时候，多选在秋季月明之夜，守在河边静静观察。玉璞堆积处的月光显得格外明亮。玉璞随着水流走，难免杂糅着一些乱石，采来之后加以辨认然后才可分清。

原文

白玉河流向东南，绿玉河流向西北。亦力把力地，其地有名"望野"者，河水多聚玉。其俗以女人赤身没水而取者，云阴气相召，则玉留不逝，易于捞取。此或夷人之愚也（夷中不贵此物，更流数百里，途远莫货，则弃而不用）。

译文

白玉河流向东南方，绿玉河流向西北方。亦力把里一带有个叫"望野"的地方，那里的河水里常积聚着玉石。当地风俗是让女人赤身下水采玉，认为玉石受女人阴气的招引便会留驻不流，这样就容易捞取。这大概反映了当地人的愚昧（当地人并不珍视玉石，如果顺着河流再过几百里，路途遥远而难以卖出去，人们就弃而不用）。

原文

凡玉唯白与绿两色。绿者中国名菜玉。其赤玉、黄玉之说，皆奇石、琅玕之类，价即不下于玉，然非玉也。凡玉璞根系山石流水，未推出位时，璞中玉软如棉絮，推出位时则已硬，入尘见风则愈硬。谓世间琢磨有软玉，则又非也。凡璞藏玉，其外者曰玉皮，取为砚托之类，其价无几。璞中之玉，有纵横尺余无瑕玷者，古者帝王取以为玺。所谓连城之璧，亦不易得。其纵横五六寸无瑕者，治以为杯斝，此已当世重宝也。

译文

玉只有白、绿两种颜色。绿玉，中原地区叫菜玉。所谓赤玉、黄玉，则属于奇石、琅玕一类，价值虽然不低于玉，但并不是玉。玉璞产生于山石间的流水之中，璞石中的玉没被剖取出来时，如棉絮般柔软，剖取出来之后则变坚硬，经风化后就更加坚硬。世间流传有雕琢软玉的说法，这又是错误的。璞石中蕴藏的玉，外层叫玉皮，可用以制作砚托之类的器物，价值不高。璞石中的玉，纵横达一尺多而又没有瑕疵的，古代的帝王用来做成印玺。又有所谓的价值连城的玉璧就更难得到了。那些纵横五六寸无瑕的玉，用以制成酒器，这就算是当世的至宝了。

原文

此外，惟西洋琐里有异玉，平时白色，晴日下看映出红色，阴雨时又为青色，此可谓之玉妖，尚方有之。朝鲜西北太尉山有千年璞，中藏羊脂玉，与葱岭美者无殊异。其他虽有载志，闻见则未经也。

译文

除此之外，唯独西洋琐里出产一种异玉，平时显白色，晴天放在阳光下呈红色，阴天时又显现出青色，这算得上是玉中的妖娆者，这种玉皇宫中才有。朝鲜西北的太尉山有种千年璞，其中藏着羊脂玉，和葱岭的美玉没有特别的差异。其他种类的玉虽然有书记载，然而我却未曾见闻。

凡玉由彼地缠头回（其俗，人首一岁果布一层，老则臃肿之甚，故名缠头回子。其国王亦谨不见发。问其故，则云见发则岁凶荒。可咲之甚），或溯河舟，或架橐驼，经庄浪入嘉峪，而至于甘州与肃州。中国贩玉者，至此互市而得之，东入中华，卸萃燕京。玉工辨璞高下定价，而后琢之（良玉虽集京师，工巧则推苏郡）。

译文

玉的贸易往来主要是通过葱岭缠头的回族人（当地的风俗是一年在头上包一层布，年老时包得异常臃肿，因而称其为缠头回人。国王也不会把头发露出来，原因是说露出就会遭遇荒年。这真是可笑）进行，要么水路乘船，要么骑骆驼，经由庄浪进入嘉峪关，从而到达甘州和肃州。中原的玉商到这里和回人交易而得到玉，再往东运入中原，一直到北京下货。玉工甄别玉璞的品质高低后定价，然后开始雕琢(上好的玉虽然集中在北京，但技艺高超的琢玉人则在苏州）。

原文

凡玉初剖时，冶铁为圆盘，以盆水盛沙，足踏圆盘使转，添沙剖玉，逐忽划断。中国解玉沙，出顺天玉田与真定邢台两邑。其沙非出河中，有泉流出，精粹如面，借以攻玉，永无耗折。既解之后，别施精巧工夫。得镔铁刀者，则为利器也（镔铁亦出西番哈密卫砺石中，剖之乃得）。

译文

刚开始琢玉剖玉的时候，需配备一个铁制的圆盘，水盆中盛沙，脚踏圆盘使其旋转，并添沙剖玉，逐渐将玉切断。中原剖玉所用的沙，出自顺天府玉田和真定府邢台两地。这种沙并非来自河底，而是从泉水中流出，精细如面粉，用以琢玉，可以使玉不至于耗损。玉石剖开之后，便可采取精巧的工艺雕琢成器物。有种镔铁刀，是琢玉的利器（镔铁也源自新疆哈密的砺石岩层中，挖开就能获取）。

原文

凡玉器琢余碎，取入钿花用。又碎不堪者，碾筛和灰涂琴瑟。琴有玉音，以此故也。凡镂刻绝细处，难施锥刃者，以蟾酥填画而后镂之。物理制服，殆不可晓。凡假玉以砆碔充者，如锡之于银，昭然易辨。近则捣舂上料白瓷器，细过微尘，以白蔹诸汁调成为器，干燥玉色烨然，此伪最巧云。

译文

雕琢玉器后剩余的碎片，可用来做钿花。一些零碎不堪的碎玉，可以研磨成粉，筛选后与石灰粉混合，涂抹在琴瑟等乐器上。琴声中含玉器的音色，原因就在于此。当遇到需要精细雕镂的地方，一般的刻刀难以下手，可以用蟾酥汁涂抹在玉上然后再雕刻。这物物相克的机理，尚难知晓。用砆碔冒充假玉，就像锡冒充银，很容易辨别。近来有人将上等材料制作的白瓷器捣碎如微尘状，然后用白芨等液汁黏合，制成器物，干燥后色泽类似于玉，这类造假的手法最为巧妙。

原文

凡珠玉、金银，胎性相反。金银受日精，必沉埋深土结成。珠玉、宝石受月华，不受土寸掩盖。宝石在井，上透碧空，珠在重渊，玉在峻滩，但受空明、水色盖上。珠有螺城，螺母居中，龙神守护，人不敢犯。数应入世用者，螺母推出人取。玉初孕处，亦不可得。玉神推徙入河，然后恣取，与珠宫同神异云。

译文

珠玉与金银相比，性质恰为相反。金银吸取的是太阳的精华，必定深埋在地下而形成；而珠玉、宝石吸取的则是月亮的精华，故不受泥土的掩盖。宝石生于井中，其气往上直透苍穹，珍珠生于深渊，玉生于湍流，但它们都享受着月光和水流的滋润。珍珠有螺城，螺城中有螺母，并由龙神守护，凡人不得冒犯。部分注定要被世人享用的珍珠，将由螺母推举出来供人采取。玉最开始孕育的地方，世人也无法靠近。玉神会将部分玉石推移到河中，然后人才能随意采取，这种说法与珠宫同属神异说。

玛瑙、水晶、琉璃

　　凡玛瑙非石非玉，中国产处颇多，种类以十余计。得者多为簪篦、钿（音扣）结之类，或为棋子，最大者为屏风及桌面。上品者产宁夏外徼羌地砂碛中，然中国即广有，商贩者亦不远涉也。今京师货者，多是大同、蔚州九空山、宣府四角山所产，有夹胎玛瑙、截子玛瑙、锦红玛瑙，是不一类。而神木、府谷出浆水玛瑙、锦缠玛瑙，随方货鬻，此其大端云。试法以砑木不热者为真。伪者虽易为，然真者值原不甚贵，故不乐售其技也。

　　玛瑙既不是石，也不是玉，中国有很多地方出产，多达十几个种类。所得到的玛瑙，多是用做在发髻上别的簪子和衣扣之类的饰物，或者做棋子，最大的用做屏风及桌面。上等玛瑙出产于宁夏塞外羌族地区的沙漠中，但是在内地也到处有玛瑙，商贩不一定要去那么远的地方贩运。现在北京所出售的，多数产于山西大同、河南蔚县九空山及河北宣化的四角山，有夹胎玛瑙、截子玛瑙、锦红玛瑙，种类不只一种。而陕西神木与府谷所产的是浆水玛瑙、缠丝玛瑙，可以就地出卖，这是大略的情形。辨识的方法就是用木头在玛瑙上摩擦，如果不发热就是真品。伪品虽然容易做，但是真品的价钱本来就不那么高，所以人们似乎也就不愿意多费手脚了。

凡中国产水晶，视玛瑙少杀。今南方用者多福建漳浦产（山名铜山），北方用者多宣府黄尖山产，中土用者多河南信阳州（黑色者最美）与湖广兴国州（潘家山）产。黑色者产北不产南。其他山穴本有之，而采识未到，与已经采识而官司严禁封闭（如广信惧中官开采之类）者尚多也。凡水晶出深山穴内瀑流石罅之中。其水经晶流出，昼夜不断，流出洞门半里许，其面尚如油珠滚沸。凡水晶末离穴时如绵软，见风方坚硬。琢工得宜者，就山穴成粗坯，然后持归加功，省力十倍云。

中国出产的水晶比玛瑙要少些，现在南方使用的水晶的大多产于福建漳浦（当地的山叫铜山），北方使用的水晶的多产于河北宣化的黄尖山，中原使用的水晶多产于河南信阳（黑色的最美）与湖北兴国（今阳新）潘家山。黑色的水晶产在北方而不产在南方。其余地方山里的洞穴里本来就有，就是没有被发现与开采；或已经发现并已开采，而被官方禁止进出并封闭起来（例如江西广信〔今上饶〕地区害怕宫里派的宦官盘削而停止开采等）这种情况不是少数。水晶产于深山洞穴内的瀑流、石缝里面，瀑布昼夜不停地流过水晶，流出洞口半里左右，水面上还像烧开的油珠那样翻滚。水晶没有离开洞穴时都是软绵绵的，风吹过后才变得坚硬。琢工为了方便，在山里洞穴中把水晶就地制成粗坯，再拿回去加工，可省十倍的人力。

原文

凡琉璃石与中国水精、占城火齐其类相同，同一精光明透之义。然不产中国，产于西域。其石五色皆具，中华人艳之，遂竭人巧以肖之。于是烧瓴甋，转锈成黄绿色者，曰琉璃瓦。煎化羊角为盛油与笼烛者，为琉璃碗。合化硝、铅泻珠铜线穿合者，为琉璃灯。捏片为琉璃瓶袋（硝用煎炼上结马牙者）。各色颜料汁，任从点染。凡为灯、珠，皆淮北齐地人，以其地产硝之故。

译文

琉璃石与中国的水晶、越南的火齐属同类，都光亮透明，但不产于中原地区，而产于新疆及其以西的地区。琉璃石五色俱全，国内的人们都喜欢，所以用尽所有的能工巧匠来仿制。于是烧成砖瓦，挂上琉璃石釉料制成黄、绿颜色的，叫做琉璃瓦。将琉璃石和羊角煎化，就可以制作成琉璃碗，用来盛油或者做灯罩。将羊角、硝石、铅与用铜线穿起来的火齐珠放在一起提炼分解，可以做成琉璃灯。用上述的材料烧炼以后还可捏制成薄片，可做成琉璃瓶袋（所用的硝石就是煎练时凝结在上面的马牙硝）。可以使用各种颜料汁任意给材料染上颜色。制作玻璃灯和玻璃珠的，都是淮北人和山东人，因为在这些地方出产硝石。

原文

　　凡硝见火还空，其质本无，而黑铅为重质之物。两物假火为媒，硝欲引铅还空，铅欲留硝住世，和同一釜之中，透出光明形象。此乾坤造化，隐现于容易地面。天工卷末，著而出之。

译文

　　硝石灼烧后就会分解并消失，其原来成分就不复存在了，而黑铅是很重的东西。两种物质以火作为媒介，从而发生变化，硝试图吸引铅与其一起消失，而铅则设法与硝结合以使它继续存在，它们与琉璃石、羊角等在同一个锅里烧炼，就可以得到透明发光的玻璃。这就是自然界的变化规律，在一系列的简单过程里隐约再现。赶在结束《天工开物》之前，特意在此记录清楚。